乡村振兴之
科技兴农系列

葡萄
合理整形修剪
彩色图解

（视频升级版）

常世江　杜小亮　孙海生　主编

化学工业出版社

·北京·

内容简介

本书以通俗易懂的语言、大量直观易懂的高清图片，同时配套各关键环节的讲解或演示视频，详细介绍了葡萄的生物学特征，并深入阐述了葡萄种植中的架材搭建、树形的选择和培养、树体的修剪和管理及葡萄生产过程中所必需的配套栽培管理措施等，为广大葡萄生产从业者梳理出清晰明了的知识体系，帮助大家解决在葡萄生产中所遇到的实际问题。

本书对基层果农、果树种植技术人员、农技推广人员，以及高校果树园艺专业师生具有良好的阅读价值和较好的指导作用。

图书在版编目（CIP）数据

葡萄合理整形修剪彩色图解：视频升级版 / 常世江，杜小亮，孙海生主编. -- 北京：化学工业出版社，2024．11．--（乡村振兴之科技兴农系列）. -- ISBN 978-7-122-46399-9

Ⅰ. S663．1-64

中国国家版本馆CIP数据核字第20247K0Z82号

责任编辑：邵桂林　　　　　　　　　装帧设计：关　飞
责任校对：王　静

出版发行：化学工业出版社
　　　　　（北京市东城区青年湖南街13号　邮政编码100011）
印　　装：北京缤索印刷有限公司
850mm×1168mm　1/32　印张5　字数127千字
2025年1月北京第1版第1次印刷

购书咨询：010-64518888　　　　　　售后服务：010-64518899
网　　址：http://www.cip.com.cn
凡购买本书，如有缺损质量问题，本社销售中心负责调换。

定　　价：39.80元　　　　　　　　　　　版权所有　违者必究

编写人员名单

主　　编　常世江　杜小亮　孙海生
副 主 编　叶文秀　罗仁斌　焦　健
编写人员（按姓名笔画排序）
　　　　　　叶文秀（北京大学现代农业研究院）
　　　　　　孙海生（北京大学现代农业研究院）
　　　　　　杜小亮（郑州郑果丰农业科技有限公司）
　　　　　　张亚冰（河南科技大学）
　　　　　　武凯凯（河南农业大学）
　　　　　　罗仁斌（楚雄彝族自治州农业科学院）
　　　　　　常世江（郑州九人农业科技有限公司）
　　　　　　常世鹏（郑州九人农业科技有限公司）
　　　　　　焦　健（河南农业大学）

前言

　　我国是全球最大的鲜食葡萄生产国和消费国。葡萄产业的发展从东到西、从南到北遍布全国各省、直辖市和自治区，已成为很多地区农业生产的支柱产业，在乡村振兴、精准扶贫工作中发挥着重要作用。

　　近年来，随着土地流转速度加快，新品种引进，新模式、新技术、新设施的推广，葡萄生产进入了新的发展阶段，尤其以阳光玫瑰葡萄为代表。本书以通俗易懂的语言、大量直观易懂的图片，配上各关键环节的讲解或演示视频，详细介绍和展示了从葡萄的生物学特征、架材搭建、树形的选择和培养、树体的修剪和管理及葡萄生产过程中所必需的配套栽培管理措施等，为广大葡萄生产从业者梳理出清晰明了的葡萄合理整形修剪的各环节技术措施，以帮助大家解决在葡萄生产中所遇到的实际问题。

　　本书的编写得到了很多同行专家的大力支持，授权了相关宝贵的图片和视频，在此一并深表感谢！由于写作时间较紧及视频制作水平有限，书中难免存在一些不足之处，敬请广大读者提出宝贵意见，以便在本书再版时予以修订完善。

编者
2024年6月

目 录

第一章
葡萄生物学特性及生长发育规律　　/ 001

第一节　葡萄生物学基础知识　　/ 002
一、根　　/ 002
二、茎　　/ 003
三、芽　　/ 005
四、叶　　/ 007
五、卷须、花序和花　　/ 007
六、果　　/ 010

第二节　葡萄树的生长发育规律　　/ 012
一、葡萄树的一生　　/ 012
二、葡萄树的年生长周期　　/ 013

第二章
葡萄生产中常用的架式及其搭建　　/ 019

第一节　葡萄生产上的常用架式及选择　　/ 020
一、篱架　　/ 020
二、棚架　　/ 032
三、葡萄架式的选择　　/ 035

第二节　葡萄架材的搭建　　/ 039
一、葡萄架材的准备　　/ 039
二、柱间距的确定和画线定点　　/ 040
三、葡萄立柱的埋设　　/ 042

四、横梁的搭建 /046
五、拉线的安装 /049

第三章
葡萄生产中常用的树形及其培养 /052

第一节 葡萄生产上的常见树形 /053
一、多主蔓扇形树形 /053
二、单干水平树形 /054
三、独龙干树形 /056
四、H形树形 /057

第二节 葡萄树形的选择 /058
一、根据栽培的葡萄品种选择树形 /058
二、根据当地的气候条件选择树形 /058
三、根据园区机械化程度选择树形 /058

第三节 主要树形的培养 /059
一、独龙干树形 /059
二、单干水平树形 /062
三、H形树形 /066

第四节 树形培养的配套措施 /068
一、苗木选择 /068
二、开挖定植沟 /070
三、葡萄苗定植 /072
四、土肥水管理 /073
五、病虫害防控 /074

第四章
葡萄树的整形修剪及管理 /076

第一节 葡萄树萌芽后的整形修剪及管理 /077
一、抹芽 /077
二、定梢(定枝) /077
三、新梢引绑 /079
四、新梢摘心和副梢处理 /082
五、除卷须 /085
六、花序修整 /085
七、保果和膨大处理 /088
八、修果穗 /092
九、果实套袋 /094
十、环割和环剥 /097
十一、除老叶、剪嫩梢 /099

第二节 葡萄树落叶后的整形修剪及管理 /101
一、枝条冬剪常见术语及其应用 /102
二、留枝量的确定 /103
三、结果母枝的修剪 /103
四、结果枝组的更新 /104
五、葡萄树下架和埋土防寒 /106
六、架材修整 /108
七、葡萄树出土、上架和树体引绑 /108
八、刻芽 /108
九、回缩 /109

十、整形修剪常用的工具 /110
第三节 问题树形的矫正和葡萄树更新 /111
一、问题树形的矫正 /111
二、结果母枝外移严重的葡萄树形矫正 /113
三、葡萄树的更新 /114

第五章
配套的栽培管理措施 /117

第一节 土肥水管理 /118
一、土壤管理 /118
二、营养管理 /122
三、水分管理 /126
第二节 病虫以及自然灾害的防控 /128
一、病害防控 /128
二、虫害防控 /132
三、自然灾害的防控 /139

附录1
设施栽培阳光玫瑰全程用药方案 /142

附录2
丰产期阳光玫瑰全程施肥方案 /146

参考文献 /150

视频目录

视频编号	视频说明	二维码页码
视频1-1	葡萄的生物学基础知识	002
视频1-2	葡萄的年生长周期	013
视频2-1	葡萄生产中常用架势	020
视频2-2	葡萄架势的选择	035
视频2-3	葡萄架材搭建的准备工作	039
视频2-4	葡萄架材的搭建	042
视频3-1	葡萄生产中常用的树形	053
视频3-2	葡萄树形的选择	059
视频3-3	独龙干树形的培养	059
视频3-4	单干水平树形的培养	062
视频3-5	H形树形的培养	067
视频3-6	土地平整和苗木定植	070
视频3-7	树形培养的配套措施之肥水管理和植物保护	073
视频4-1	葡萄萌芽后的整形管理之抹芽	077
视频4-2	葡萄萌芽后的整形管理之定梢	077
视频4-3	葡萄萌芽后的整形管理之新梢引绑	079
视频4-4	葡萄萌芽后的整形管理之摘心和副梢处理	082
视频4-5	葡萄萌芽后的整形管理之花序修整	085

续表

视频编号	视频说明	二维码页码
视频4-6	葡萄萌芽后的整形管理之保果、膨大	089
视频4-7	葡萄萌芽后的整形管理之修果穗	092
视频4-8	葡萄萌芽后的整形管理之套袋	094
视频4-9	葡萄萌芽后的整形管理之环剥、环割	097
视频4-10	葡萄萌芽后的整形管理之摘老叶、除嫩梢	099
视频4-11	葡萄落叶后的整形管理之冬剪	101
视频4-12	葡萄落叶后的整形管理之防寒保暖	106
视频4-13	葡萄落叶后的整形管理之出土、上架	108
视频4-14	葡萄落叶后的整形管理之刻芽	108
视频4-15	问题树形的矫正	111
视频4-16	品种的更新	114
视频5-1	土壤管理	118
视频5-2	葡萄配套的栽培管理措施之营养管理	122
视频5-3	葡萄配套的栽培管理措施之水分管理	126
视频5-4	葡萄配套的栽培管理措施之病害防控	128
视频5-5	虫害防控	132
视频5-6	葡萄配套的栽培管理措施之自然灾害防控	139

第一章
葡萄生物学特性及生长发育规律

第一节
葡萄生物学基础知识

（视频1-1）

葡萄和其他植物一样，由各具功能的器官构成，主要包括根、茎、叶、花、果、芽，正是由于各个器官的各司其职和协同作用才得以结出甘甜味美的果实（视频1-1）。

一、根

葡萄的根为肉质根，除固定植株的功能外，还进行水分、营养物质的吸收和积累、储藏，同时参与葡萄部分内源激素的产生和协调配送。葡萄的根系因繁殖方式的不同，分为实生根系和茎源根系（图1-1）。

图1-1　葡萄的茎源根系

1.实生根系

由种子繁育的植株,具有垂直的主根,其上生长各级侧根,整体结构清晰,根茎明显。

2.茎源根系

用枝条繁育的植株没有主根,而是直接着生多条侧根,没有真正的根茎。

二、茎

葡萄树的茎蔓主要由主干、主蔓、枝组、结果枝、营养枝(图1-2)等部分构成,茎蔓不仅对叶、花、果等器官起支撑作用,同时担负着营养物质的运输储存和再生繁殖的功能。

**图1-2
葡萄树茎蔓各部位的称谓**

1—主干;
2—主蔓(结果臂);
3—枝组;4—结果枝

1. 主干、主蔓和萌蘖枝

从地面到着生结果母枝主蔓之间的部位称为主干，着生结果枝组和结果母枝的多年生蔓称为主蔓（结果臂）。主干和主蔓都为多年生枝蔓，其上具有大量隐芽，当树体营养突然增多或遭受修剪刺激时，多年生枝蔓上的隐芽会大量萌发，这些隐芽萌发形成的枝条被称为萌蘖枝。

2. 结果枝、营养枝、结果母枝和结果枝组

带有花序或果实的枝条，称为结果枝；没有花序或果实（花序自然退化或被人工强制疏除）的枝条称为营养枝。结果枝或营养枝所着生的一年生枝条称为结果母枝，主蔓（结果臂）上着生结果母枝的多年生枝称为结果枝组。

3. 新梢和副梢

春季，葡萄冬芽萌发形成的幼嫩枝条称为新梢（图1-3）。新梢上叶腋处芽眼萌发形成的枝条称为副梢，副梢叶腋处长出的枝条称为二级副梢，二次副梢叶腋处再长出的枝条则为三级副梢。夏芽萌发形成的副梢称为夏芽副梢（图1-4），冬芽萌发形成的副梢称为冬芽副梢，生长季的冬芽只有遇到强烈刺激（如重摘心）才会萌发形成冬芽副梢。

图1-3 新梢

图1-4　夏芽副梢

三、芽

芽是在葡萄枝条叶腋中形成并发育的器官，萌发长成新梢或副梢，从而使植株不断延续生长和更新。葡萄的芽分为夏芽、冬芽和隐芽。

1. 夏芽

夏芽（图1-5）着生在叶柄基部内侧的叶腋中，于当年形成，并在当年萌发。夏芽属于没有休眠期的早熟芽，夏芽抽生的枝条称为夏芽副梢。有些品种如户太8号、巨峰的夏芽副梢具有较强的成花能力，在条件适宜、生长期较长的地区，可以进行二次或三次结果。

图1-5
新梢叶腋处的夏芽

2. 冬芽

冬芽（图1-6）位于夏芽的内侧，体型肥大，外被鳞片。冬芽具有晚熟性，一般在形成当年处于"休眠"状态（图1-7），经过冬季休眠后于次年春萌发长成新梢。发育良好的冬芽，内部包括1个主芽和2~6个预备芽，位于中心发育最肥大的那个芽称为"主芽"，周围的称预备芽。一般情况下，只有主芽萌发，当主芽受伤或在修剪过重的刺激下，预备芽也能萌发，在1个芽眼内萌发出2~3个新梢，形成"二生枝"或"三生枝"。

图1-6
冬芽和紧邻的夏芽副梢

图1-7
休眠期的葡萄冬芽

3.隐芽

隐芽位于枝蔓内部,只有在枝蔓受伤或内部营养物质突增时,才能萌发。隐芽一般无花序,但少数品种也能形成花序。隐芽的大量存在,使葡萄树具有很强的再生更新能力,有利于葡萄树的更新复壮。

四、叶

葡萄的叶为单叶,由叶托、叶柄、叶片组成,多为3~5裂片。叶片的大小、形状、裂刻深浅和形状等特征(图1-8),可作为鉴定葡萄品种的外观特征依据。

全缘　　　　　三裂　　　　　五裂　　　　七裂或大于七裂
(山葡萄)　　　(康可)　　　　(西拉)　　　　(夏夫拉尼)

图1-8　常见的葡萄叶片

五、卷须、花序和花

1.卷须

在自然条件下,葡萄卷须起攀缘固定的作用。但在人工栽培条件下,卷须的存在会导致树形紊乱,因此都将其去除。卷须一般从新梢第3~6节起开始着生,副梢从第2节起开始着生,卷须与叶片对生。但不同葡萄种群的卷须在新梢上的着生部位有一定差异。一般欧亚种和东亚种群,卷须在新梢上连续着生两节后空一节,呈不连续分布;美洲种葡萄的卷须,在新梢上呈连续分布(图1-9)。

图1-9 葡萄卷须的类型

2. 花序

葡萄的花序在植物学上属聚伞圆锥花序,或复总状花序,由花序轴、花梗和花朵组成(图1-10),1个发育完全的花序有花蕾200~1500朵不等。

葡萄花序通常着生在新梢的中下部,叶片对面。欧亚种群的葡萄品种1个结果枝上多为1~3个花序;美洲种群和欧美杂种葡萄品种,1个结果枝多为1~4个花序或更多。通常,结果枝上的花序,自下向上依次变小。结果枝所占新梢的比率与品种、栽培条件有关,欧美杂交种的结果枝率一般较高,可达90%以上。

3. 花

葡萄的花很小,根据花朵内雌蕊和雄蕊发育的情况不同,主要分为4种类型(图1-11)。

图1-10
葡萄花序

两性花　　　　　雌能花　　　　　雄花
（巨峰）　　　　（郑果8号）　　　（蘡薁）

图1-11　葡萄花性

（1）完全花（两性花）　具有正常的雌蕊和雄蕊，雄蕊直立，花丝较长，花药内有大量可育花粉。

（2）雌能花　雌蕊发达，雄蕊的花丝短且开花时向下弯曲，花粉无发芽能力，表现雄性不育。雌能花葡萄在授粉情况下，可以正常结果，否则只形成无核小果，并落花落果严重。

（3）雄花　雌蕊退化，仅有雄蕊，不能结实。

（4）不完全花　具有发育正常的雄蕊和柱头畸形的雌蕊，大多数情况下雌蕊不能授粉受精结实，但在特殊年份雌蕊能够接受花粉，受精形成果实。

生产上的绝大多数品种为两性花，可以自花结实或异花结实。少数品种为雌能花，如黑鸡心等。野生葡萄和砧木品种常为雌雄异株，如420A、110R、SO4花性为雄花，5BB花性则为雌花。

完全花由花梗、花托、花萼、花帽、雌蕊、雄蕊和蜜腺等组成。花萼不发达，5个萼片合生，包围在花的基部，5个绿色花瓣自顶部合生在一起，形成帽状花冠，开花时花瓣基部与子房分离，并向上外翻，呈帽状脱落，故称其为花帽。每朵花有雌蕊1个，子房上位，子房下部有5个圆形的蜜腺；雄蕊5个，有时可达6～8个，由花丝和花药组成。花药上有花粉囊，开花时花粉囊纵裂，花粉散出。

葡萄的花粉很小，黄色，二倍体与多倍体花粉粒的大小与形态有所差别。四倍体花粉粒明显大于二倍体，如巨峰花粉粒的直径比白香蕉的大32%左右。多倍体欧美杂交种的葡萄花粉发芽较慢，花粉管短而粗，发芽率低于二倍体。

葡萄大部分品种需经授粉受精后方可发育成果实，这些果实大都是有籽的，但有些品种的种子会败育，形成无核葡萄如克瑞森无核、夏黑。某些品种可不经受精，子房也能自然膨大发育成果实，这种现象称为单性结实，发育的果实通常为无核小果。

六、果

1.果穗

葡萄经开花、授粉、受精、坐果后，花朵的子房发育成果粒，花序形成果穗。果穗由穗轴、分枝、果梗及果粒组成。果穗因各分支的发育程度不同而呈各种形状，如圆柱形、圆锥形和分枝形等（图1-12）。

圆柱形　　　　　　　圆锥形　　　　　　　分枝形
（巧保2号）　　　　（郑州早玉）　　　　（巴勒斯坦）

图1-12　葡萄果穗形状

2.果粒

葡萄的果实称为果粒，由子房发育而成，包括果梗（果柄）、果蒂、外果皮、果肉（中果皮）、果刷、种子等。果粒的大小和形状因品种而异，常见的有圆形、扁圆形、卵圆形、椭圆形、鸡心形、弯形等多种类型（图1-13）。

圆形　　　　近圆形带棱　　鸡心形　　　钝卵圆形
（火星无核）　　（90-1）　　（白鸡心）　　（京早晶）

长椭圆形　　　长圆形　　　椭圆形　　　　弯形
（郑州早玉）　（维多利亚）　（粉红亚都蜜）　（金手指）

图1-13　形状各异的葡萄果粒

果粒颜色，主要由果皮中的花青素和叶绿素含量的比例所决定，也与果粒的成熟度、受光程度有关。果皮的颜色可分为黄绿色、粉红色、红色、紫红色、蓝黑色等（图1-14）。

黄绿色（维多利亚）　　粉红色（康能无核）　　红色（火星无核）　　紫红色（早巨选）　　蓝黑色（香槟）

图1-14　不同颜色的葡萄果粒

果粒的结构特点，果肉质地、果刷大小，以及果皮细胞壁的厚薄等都影响果粒的耐压力和耐拉力，从而影响葡萄果实的贮运性。

第二节
葡萄树的生长发育规律

一、葡萄树的一生

葡萄树的一生从一株扦插苗或实生种子开始，先后经历幼树期、稳定结果期、衰老更新期等一系列发展阶段。

1.幼树期

幼树期一般为苗木定植后的前3～4年，该时期葡萄树会迅速扩张根系，拓展枝蔓。在正常栽培管理条件下第二年便能实现少量结果，此时树体各器官发育仍不健全，因而果实负载能力和果实品质均不太稳定。

2.稳定结果期

稳定结果期又叫盛果期,当葡萄树生长4年后,根系发达,枝蔓强壮,因而果实的品质和产量趋于稳定,稳定结果期一般能持续20～30年,如精心管理年限还会更长。

3.衰老期

长期栽培后,葡萄树体逐渐衰弱,产量下降,这时葡萄即进入衰老期。管理粗糙、高负载量、病虫害危害等诸多因素都会降低树体的生育能力,从而加速树体进入衰老期。

二、葡萄树的年生长周期

葡萄是落叶果树,结果期的葡萄树1年中分为两个阶段,即生长期和休眠期。早春日平均气温达10℃左右,地上部开始萌芽,生长期开始;秋季日平均气温降到10℃以下时,新梢停止生长,叶片开始凋落,进入休眠阶段。葡萄树整个年生长周期可细分为21个物候期,准确判定出葡萄树所处的物候期,结合对应时期的病虫害发生规律、肥水需给量,配合相应的栽培技术要点,制定合适的生产管理方案是从事葡萄生产管理人员必须具备的技能。葡萄树物候期的判断可以参照表1-1、图1-15～图1-33和视频1-2。

(视频1-2)

表1-1 物候期描述表

序号	物候期	状态描述
1	休眠期	主芽处于冬季休眠状态,外被褐色鳞片
2	伤流期	春季枝条伤口流出树液
3	绒球期	芽眼鳞片开裂,露出褐色绒毛
4	萌芽期	幼叶从绒毛中露出

续表

序号	物候期	状态描述
5	叶片显露期	丛状幼叶从绒毛中长出，基部仍可看到少量鳞片和绒毛
6	展叶期	新梢清晰可见，第一片幼叶完全展开
7	花序显露期	梢尖可见花序
8	新梢快速生长期	新梢第3个叶片完全展开到花序上的小分枝展开
9	花序分离期	花序伸长，小分枝展开，但花朵仍为丛状
10	花朵分离期	花序外形达到其典型形状，花朵各个分离
11	始花期	花序上有少量花朵开放
12	盛花期	花序上80%以上的花朵开放
13	谢花期	花序上80%花朵上的花药干枯脱落
14	坐果期	花序上的花朵发育成幼果，但部分幼果上还残留有干枯的花药
15	生理落果期	用手轻弹果穗，有少量幼果开始脱落
16	幼果期	果实不再脱落，开始生长
17	果实膨大期	果实迅速生长，并表现出该品种的某些果实特征
18	封穗期	果穗拥有完整的形状，果粒之间相互接触
19	转色期	有色品种少量果粒开始着生，无色品种少量果粒开始变软
20	果实采收期	果实表现出该品种应有的风味，开始采摘、食用
21	落叶期	叶片变黄，开始脱落

图1-15 伤流期

图1-16 绒球期

图1-17 萌芽期

图1-18 叶片显露期

图1-19 展叶期

图1-20 花序显露期

图1-21 新梢快速生长期

图1-22 花序分离期

图1-23 花朵分离期

图1-24 始花期

图1-25 盛花期

图1-26　谢花期

图1-27　坐果期

图1-28　幼果期

图1-29　果实膨大期

图1-30　封穗期　　　图1-31　转色期　　　图1-32　果实采收期

图1-33　落叶期

第二章

葡萄生产中常用的架式及其搭建

葡萄为木质藤本植物，栽培时需要搭架以支撑枝蔓攀缘生长，从而呈现一定的树形，因此在葡萄生产上葡萄架式对葡萄树形的选择、培养和修剪都具有重要影响。选择恰当的葡萄架式，配套合适的树形以及合理的栽培管理技术，不仅能方便日常的生产操作管理，提高工作效率；还能提高葡萄产量和果实品质，从而提升园区的经济产出（视频2-1）。

（视频2-1）

目前，我国葡萄产业正在向现代化、科学化、机械化、美观化转变，在注重经济效益、食品安全的同时，还应提高园区的美化程度，改善消费者的消费体验。

第一节
葡萄生产上的常用架式及选择

一、篱架

这类架式的架面与地面垂直或略倾斜，葡萄枝叶分布在架面上，远看好似一道篱笆墙，故称篱架。篱架在葡萄生产中应用广泛，常见的有单壁篱架、十字形架（T形架）和Y形架等。

1. 单壁篱架

单壁篱架主要由立柱和其上的拉丝构成，通常立柱高度2.0～2.5米，地上部架高1.5～2.0米，地下部入土50厘米，立柱行间距离为2.0～3.0米，行上距离4.0～6.0米，其上架设3～5道拉丝（图2-1、图2-2），从地面向上数的第一道拉丝称为定干线，距离地面80～120厘米，第一道拉线再向上的拉丝称为引绑线，间距为40厘米左右。近年来，随着滴灌的推广在定干线下距地面50厘米左右还会再架设一道拉线，用于固定滴灌管。该架式主要优点是适于密

图2-1 水泥材质的单壁篱架

图2-2 不锈钢材质的单壁篱架

植、树形成形快、前期产量高、便于机械化管理，其缺点是有效架面较小、光照利用不充分、容易发生日灼。目前在酿酒葡萄上应用得较为普遍，鲜食葡萄应用较少。

单壁篱架的架材主要有立柱（边柱、中柱、支柱）、拉丝（定干线、引绑线、锚线）和锚石。

立柱常见的有水泥柱（图2-1）和钢构柱（图2-2）2种。但在部分地区也有使用石头、竹竿和木头（图2-3）做立柱的情况。边柱、中柱和支柱可以是同一材质同一规格，也可以是不同材质不同规格，通常边柱承担主要的拉力，边柱应比中柱的规格大一些。

图2-3　木质的单壁篱架

水泥柱的规格：边柱为12厘米×12厘米×（200～300）厘米。中柱的规格为长8厘米、宽8～10厘米、高200～250厘米。镀锌钢管材质的立柱规格：边柱直径1.25英寸（1英寸=2.45厘米，下同）以上、长度200～300厘米的国标镀锌钢管，中柱为粗度1.0英寸、长度200～250厘米的国标镀锌钢管。镀锌矩钢立柱规格：边柱为7厘米×7厘米×（200～300）厘米，中柱为5厘米×5厘米×（200～250）厘米的国标镀锌矩钢。

拉丝：一般3～5道，位于最下面的定干线一般采用12～14号的国标镀锌钢丝。定干线上每隔40厘米左右架设1道拉丝，组成引绑线，引绑线和架设滴灌线通常采用14～16号的国标镀锌钢丝。

锚线和锚石：主要用于固定边柱，通常锚线采用12～14号的镀锌钢丝或直径5毫米左右的耐锈钢绞线，锚石一般为40厘米左右见方的预制水泥块或石头（图2-4）。

图2-4
水泥预制的锚石

2.十字形架（单十字形架、双十字形架和多十字形架）

十字形架，顾名思义，形同十字。只在立柱中上部安装一道横梁，叫单十字形架（图2-5）；如果在立柱中上部固定两个横梁（通常一个横梁固定在立柱的顶部，一个横梁固定在立柱的中上部，两个横梁间距40～50厘米）称为双十字形架（图2-6），也有在立柱上架设多个横梁的多十字架（图2-7）。该架式与单壁篱架相比具有

图2-5
水泥立柱镀锌角铁横梁的
单十字形架

图2-6
水泥立柱木质横梁的
双十字形架

图2-7　水泥立柱镀锌角铁横梁的多十字形架

树体间通风透光、架面空间大、产量高等优点，为葡萄生产上的经典架式。

（1）十字形架的架材构成和规格　葡萄十字形架（单十字形架、双十字架和多十字形架）主要由立柱（边柱、中柱、支柱）、横梁、拉丝（定干线、引绑线、锚线）和锚石组成。十字架形立柱常用的材质有水泥柱、镀锌钢管、镀锌矩钢，这与单臂篱架采用的材质相同。

① 水泥柱的规格：边柱为12厘米×12厘米×（280～350）厘米，中柱的规格为8厘米×（8～12）厘米×（250～300）厘米。

② 镀锌钢管材质立柱规格：边柱为直径1.25英寸以上、长度250～300厘米的国标镀锌钢管，中柱为粗度1.0英寸、长度250～300厘米的国标镀锌钢管。

③ 镀锌矩钢立柱规格：边柱为7厘米×7厘米×（300～350）厘米，中柱为5厘米×5厘米×（250～300）厘米的国标镀锌矩钢。

近年来随着简易避雨栽培的大面积应用，避雨棚的立柱与葡萄立柱已合二为一（图2-8），上述规格中的长度已经将避雨棚的搭建考虑进去，一次性到位，即使后期不搭避雨棚也可以用来搭建防鸟网。

图2-8
避雨棚立柱和葡萄立柱二合一的双十字形架

横梁的材质主要有木质、竹质、镀锌角铁、镀锌钢管、镀锌矩钢等。近年来，木质和竹质横梁已逐步淘汰，更多的是钢构横梁，角铁横梁应选择厚度0.2厘米以上、3厘米×3厘米以上的国标镀锌角铁；钢管横梁应选择粗度3/4英寸以上的国标镀锌钢管；矩钢横梁应选择厚度0.2厘米以上、3厘米×4厘米以上的国标镀锌矩钢。

该架势横梁的长短至关重要。生长势旺盛的品种，横梁应适当加长，使引绑后的两侧枝条的夹角（图2-9）角度大于45°，以利于缓和树势，促进花芽分化。对于长势较弱的葡萄品种如京亚、巨峰等，横梁的长度只要使引绑后的枝条与中柱的夹角角度不小于30°即可。通常单十字形架的横梁长度为120～180厘米，双十字架的下部横梁60～120厘米，上部横梁100～180厘米。

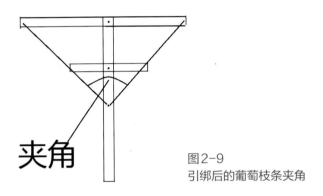

图2-9
引绑后的葡萄枝条夹角

拉丝，单十字形架由位于立柱上的一道定干线和位于横梁上的2～6道引绑线组成。位于最下面的定干线距地面距离为80～150厘米，一般采用12～14号的镀锌钢丝，引绑线均匀分布于横梁上，采用16号镀锌钢丝。双十字架则由位于立柱上的定干线，采用12～14号的镀锌钢丝和横梁两端的引绑线组成，采用16号镀锌钢丝。锚线和锚石与单壁篱架相同。

（2）因"阳光玫瑰"而大火的单十字架（飞鸟架） 随着近年阳光玫瑰这一葡萄品种的大火，针对其栽培需求，如预防日灼、气灼和果穗摩擦伤等生产要求，在生产中逐步成型了结合简易避雨栽培的改良单十字架（也称飞鸟架或V形水平架）（图2-10）。在原有单十字架形架材规格基础上，定干丝高度提升至离地面140～160厘米。横梁采取全园横向连通的一体架构，距离地面165～185厘米，其上分布6道规格为14～16号国标镀锌钢丝的拉丝，用于枝条的引绑。横梁以上部分为避雨棚和通风带，具体参数如图2-10所示。

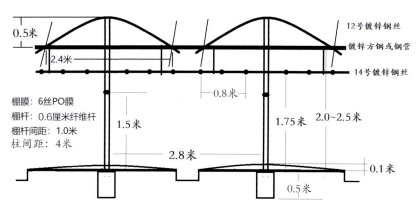

图2-10 具有简易避雨功能的单十字形架

3.Y形架

Y形架主要由立柱、斜梁、横梁、拉线等组成。在葡萄生产上常见的有两种类型，第一种为图2-11和图2-12所示的标准Y形架，即在一个立柱的顶端固定两个张开的斜梁，为了让斜梁稳固，通常又使用一个横梁将两个斜梁连接。定干线固定在立柱和斜梁连接的位置，距离地面80～150厘米；引绑线一般为4根，分2层分别位于斜梁的中部和顶端，间距30～45厘米。该架式整体架高1.8～2.0米，适宜在没有大风危害的地区使用。

图2-11
低干Y形架

图2-12
高干Y形架

另外一种是如图2-13所示的改良后的Y形架，该架式整体架高3.0米左右，由立柱和立柱上焊接的斜梁和横梁组成。在立柱上距离地面80～120厘米的位置拉定干线，在斜梁上拉2层共计4根引绑线。

图2-13
改良后的Y形架

该架式结构坚固,在有大风危害的地区也可使用。

葡萄Y形架主要由立柱(边柱、中柱、支柱)、拉丝(定干线、引绑线、锚线)和锚石组成。其中边柱与中柱的结构相同,但规格要明显大于中柱,支柱则为一个上下通直没有横梁的水泥柱或钢管构成。

葡萄立柱和斜梁常用的材质有镀锌钢管和镀锌矩钢。

① 镀锌钢管材质的立柱规格:标准的Y形架的边柱为直径1.5英寸、长度1.3~2.0米的国标镀锌钢管;中柱为粗度1.25英寸、长度1.3~2.0米的国标镀锌钢管。改良Y形架边柱为直径1.25英寸、长度250~300厘米的国标镀锌钢管,中柱为粗度1.0英寸、长度250~300厘米的国标镀锌钢管。

② 镀锌矩钢立柱规格:边柱为7厘米×7厘米×(250~300)厘米,中柱为5厘米×5厘米×(250~300)厘米。支柱则可以为(8~10)厘米×(8~12)厘米×250厘米上下通直的水泥柱,也可以为长度250厘米、粗度与边柱相同的镀锌钢管或矩钢。

斜梁一般使用镀锌钢管或镀锌矩钢，长度一般为80～150厘米。该架形斜梁的开张角度较为重要。生长势旺盛的品种，两斜梁的角度大于45°（图2-13和图2-14），以利于缓和树势，促进新梢基部芽的花芽分化。

图2-14　斜梁夹角大于45°的改良Y形架

近年来随着简易避雨栽培的大面积应用，利用搭建避雨棚的横梁，使用12号镀锌钢丝代替中柱上的斜梁（图2-15），拉线在中柱斜梁上的固定参照图2-16。

定干线一般位于立柱和斜梁交汇的地方，采用12～14号镀锌钢丝。引绑线则分别位于斜梁距离立柱的中间位置和横梁下30～40厘米位置，采用14～16号镀锌钢丝。锚线和锚石与单壁篱架相同。

图2-15 用镀锌钢丝代替斜梁的Y形架

图2-16 镀锌钢丝代替斜梁的Y形架拉线在斜梁上的固定方法

二、棚架

在立柱顶部架设横梁，在横梁上牵引拉丝，形成一个离地面较高、与地面或倾斜或平行或隆起的架面。如果架面水平则称水平棚架（图2-17），架面倾斜则称倾斜式棚架（图2-18），架面隆起则称屋脊式棚架（图2-19）。

图2-17
连栋水平式
棚架

图2-18
连栋倾斜式
棚架

图2-19
单栋屋脊式
棚架

1. 水平棚架

近年来,随着塑料大棚促早和避雨栽培在葡萄生产上的广泛应用,以及连栋大棚和薄膜温室的兴建,使水平式棚架重新得到重视。葡萄架面的搭建可以直接利用原有设施的立柱结构,从而节省架材投资,提高棚内空间的利用效率,进而实现多种作物的套种(图2-20)和第三产业的架下空间再利用。另外水平式棚架也常用于停车场或庭院。

图2-20
水平棚架下套
种草莓

水平式棚架的优点是空间利用率高，缺点是一次性投资较大、架面年久易出现不平，以及工人管理操作难度大等问题。

水平式棚架主要由立柱（边柱、中柱、支柱）、横梁、拉线、锚线和锚石等组成。在采用立柱相互连接和固定的钢构葡萄园，可以不使用锚线和锚石的稳固系统，但边柱和支柱的材料规格要大于中柱1～2个型号，边柱的埋深也要增加。

立柱常见的有水泥柱、镀锌钢管或矩钢三种。水泥柱的规格：边柱为12厘米×12厘米×（200～300）厘米，中柱的规格为（8～10）厘米×（8～12）厘米×（200～250）厘米。镀锌钢管材质立柱规格：边柱为直径1.5英寸以上、长度200～300厘米的国标镀锌钢管，中柱为粗度1～1.25英寸、长度200～250厘米的国标镀锌钢管。横梁主要有水泥横梁和钢质横梁（钢管或矩钢）。钢管材质的横梁粗度1.25英寸以上，矩钢的粗度则大于5厘米×5厘米，水平棚架的横梁最好全园贯通。拉丝：一般架面上按照间距为30～40厘米等距离安装若干道14～16号的镀锌钢丝，用于葡萄树的生长和结果。

2.屋脊式棚架

屋脊式棚架与上述棚架的主要区别在于架面中间隆起成三角形、弧形或半圆形。该架式主要用于葡萄园的田间道路，既可遮阴美化，又能生产部分果实（图2-21）。

图2-21
用与道路遮阴美化的屋脊式棚架

屋脊式棚架架材构成和规格与水平式棚架类似，区别主要在于，首先立柱和横梁更为高大，其次横梁根据需要制作成不同的弧度。

三、葡萄架式的选择

葡萄架式类型繁多，各有利弊。对于栽培架式的选择应从实际出发，要从"密植、高产、费工"为特征的各类葡萄架式中走出来。根据所选葡萄品种的生物学特性、园区的气候环境特点、工人的栽培管理水平和机械化应用程度等多项因素选择省工、防病的葡萄架式（视频2-2）。

（视频2-2）

1. 便于机械化作业和人工管理

葡萄是一种投资较大、管理费工费时的果树，所以在建设葡萄园时，一定要把节省人工、便于机械化作业、降低劳动强度放在首位，尤其面积超过100亩的葡萄园。需要说明的是，决定葡萄树是否易于埋土防寒的关键因素是树形，而不是架式，所以从管理省工、节约成本的角度考虑，建议在酿酒葡萄上使用单壁篱架（图2-22），在鲜食葡萄上使用十字形架。对于具有观光旅游功能的葡萄园或采用温室大棚设施栽培的葡萄园，可以设置部分棚架，利用设施现成的架材节省投资，同时占天不占地，充分利用地面空间（图2-20）。

图2-22
适宜机械化管理的
单壁篱架酿酒葡萄园

2.适应当地的气候、地形和所选品种的生长特性

首先,选择的架式必须适应当地的气候条件,在单位面积内容纳尽量多的有效光合叶片,同时减轻病害和气候危害、有利于树体生长和果实发育。对于高温高湿的南方地区,适宜选择远离地面、通风透光的高干大空间架式,如带有避雨棚的高干十字形架(图2-10)、高干Y形架(图2-12),如果是避雨大棚也可以采用水平棚架(图2-20)。

对于生长季光照强烈,地面干旱高温,果实和叶片宜发生高温障碍的地区,宜采用棚架,在果实上面形成一个遮阴层,减少果实接收到的辐射,降低温度。同样,对于容易发生霜冻的地区,选择离地面较高的棚架可以降低霜冻的危害(图2-23)。

其次,选择架式要考虑栽培品种的生长特性,当种植生长势强旺的品种,如阳光玫瑰、夏黑宜选择棚架;对于生长势弱、成花容易的品种如京亚可以采用双十字形架形。美人指、克瑞森无核等长势旺、成花力弱的品种,适宜采用架宽4米以上的棚架(倾斜式棚架和水平

图2-23 高干棚架

式棚架）或株距2米以上的双十字形架，有利于缓和树势、促进成花；而对于那些生长势弱的酒用品种，如雷司令、黑比诺等，则宜用单壁篱架或十字形架。

地势地形对架式选择也有重要影响。坡度偏大土层较厚，但又不宜修建梯田的地块可沿高线架设单壁篱架，但行距不宜超过2.5米。地形、地势起伏变化较大的山地葡萄园最好采用棚架（图2-23），既可以充分利用空间，又便于葡萄架的搭建。庭院葡萄为了充分利用空间，可以根据实际需要灵活使用各种棚架（图2-24）。

图2-24 山区庭院道路上的倾斜式棚架葡萄

3.栽培方式和管理水平

在选择架式的同时，还应考虑果实栽培中一些特殊要求。一些套袋栽培的葡萄品种，果实套袋后，果实的光照减弱，为促进果实着色，所选架式的通风透光条件要好，同时也要一定的遮阴，以减轻果实日灼病的发生，如十字形、Y形架等。为了保持套袋果实的果粉完整，避免果实与枝蔓碰撞摩擦，以及为了套袋和摘袋工作的方便，所选架式最好能使果实悬垂到枝蔓下方如高干十字形架（图2-10）、水平棚架（图2-25）上。温室或大棚栽培葡萄，如果采用单壁篱架和双十字架可充分利用光能和地力获得早期产量，但会造成架材的重复建设，形成浪费。

　　管理水平及劳力情况也是选择架形时必须考虑的因素。劳力充足、管理精细的葡萄园可选择棚架中的小棚架和篱架中的双十字架。在采用避雨栽培的地区，为了充分利用棚柱、节省投资，避雨大棚栽培的葡萄园，适宜采用水平棚架（图2-25）；而采用简易避雨栽培的葡萄园则适宜采用双十字形架或Y形架（图2-13）。

图2-25　利用大棚现有支柱搭建的水平棚架

第二节
葡萄架材的搭建

大型葡萄园区建设时,能够使用的葡萄架形主要有单壁篱架、十字形架、改良式Y形架和水平棚架。

一、葡萄架材的准备

在葡萄架材搭建前,首先要根据所选用架形,将其构件罗列成清单(如边柱、中柱、支柱、横梁、拉线、锚线、锚石等),然后再将各构件的规格也确定下来,具体参照前面各架形的架材构成和规格,最后确定每个种植小区(具体到每个地块)具体架材的构件数量(视频2-3)。

(视频2-3)

可以参照下面的方法确定每个种植小区各架材构件的数量。采用篱架(单壁篱架、十字形架、改良Y形架)栽培的葡萄园,一行葡萄树即需要一行葡萄架,葡萄的行长就是葡萄架需要搭建的长度。通常每行架材需要2个边柱、2个支柱、2根锚线、2个锚石、1道定干线、若干引绑线(单壁篱架3~5根、双十字架和Y形架4根、飞鸟架4~6根),葡萄中柱的数量则为葡萄行长÷葡萄行上柱间距-1(如果遇到非整数则四舍五入),横梁则数量是立柱数量乘以2。一个地块的葡萄行数乘以单行葡萄架材各构件的数量,就是整个地块需要的量。

棚架则相对复杂些,原来生产上有采用单栋棚架的习俗,近年来为了提高架材的利用率,葡萄园大多采用连栋棚架(图2-25、图2-26)。葡萄立柱的行数为葡萄行数加1,每行架材需要2个边柱、2个支柱、2根锚线、2个锚石、中柱数量为行长÷行上柱间距-1(如果遇到非整数则四舍五入),横梁的数量则为一个种植小区葡萄立柱的行数乘以每行的立柱数量减去一个单行的立柱数量。

图2-26 倾斜式棚架的结构

二、柱间距的确定和画线定点

首先,测出每个种植小区的形状和边长,确定该地块的行向和行宽,一般葡萄园采用南北行向、东西行宽,但对于南北长度过短的地块或山区梯田地,为了充分利用土地则适宜采用东西行向或与山地等高线平行的行向(图2-27)。

其次,根据该葡萄园的机械化管理水平,确定出该地块四周的作业道,通常行向所对两端的作业道与田间道路系统合二为一(注意:葡萄园的道路路面应略低于田间的地面,以方便车辆作业和田间排水)。道路的宽度应根据作业机械的转弯半径进行确定,以机械管理为主的葡萄园,道路宽度应在4米以上。

最后,根据作业道的宽度和葡萄行的间距,在地块上画出所有的葡萄行(图2-28)(如果是连栋棚架,有一个边行用于棚架面的搭建,可以不种植葡萄),然后再根据葡萄立柱的行上柱间距放出所有葡萄

图2-27 沿山坡等高线设置葡萄行向的葡萄园

图2-28 葡萄行画线

行上需要埋设立柱的位置。通常篱架的行上柱间距为4～6米（简易避雨栽培为4米）、行间柱间距（即行宽）为2～3米。棚架行上柱间距为3～5米、行间柱间距为3～4米。利用设施立柱搭建的棚架，则根据具体情况灵活掌握。

三、葡萄立柱的埋设

葡萄立柱的埋设应在葡萄定植沟开挖回填结束后、葡萄苗木定植前进行比较合适。如先定植葡萄苗，容易在搭建葡萄架材时损伤葡萄苗，甚至苗木所处的位置正好是埋设立柱的位置，造成抢位现象（视频2-4）。

（视频2-4）

1. 立柱基坑的挖掘

当葡萄立柱的埋设位置，根据柱间距，通过画线定点确定好后，就要进行立柱埋设基坑的开挖。如果葡萄园面积比较小，可以使用铁锹或洛阳铲进行开挖，面积较大的葡萄园，可以使用汽油机驱动的树坑机开挖（图2-29），对于面积更大的葡萄园可使用拖拉机驱动的树

图2-29
使用打坑机
开挖立柱基坑

坑机进行开挖。使用洛阳铲或树坑机开挖的基坑,规则整齐,坑口大小合适、开挖效率高。立柱基坑的直径应在20厘米左右,坑深50厘米左右。

2.边柱的埋设

边柱的埋设最好从地块两侧的边行开始,然后再埋设中间葡萄行上的边柱,这样埋设的边柱比较容易做到横平竖直,整齐美观。在具体操作时边柱主要有两种埋设方式:直立式边柱(图2-1、图2-13、图2-26)和外倾式边柱(图2-2、图2-30)。

图2-30 外倾式边柱

(1)直立式边柱 主要由边柱、支柱、锚线和锚石组成。如果使用水泥材质的葡萄边柱,可以将边柱直接埋入开挖好的基坑内,并将周围的回填土砸实;如果使用钢构(如镀锌钢管、镀锌矩钢等),可以如图2-31那样先预制一个带有安装轴的基座,然后再将地上部架杆

图2-31　基座和架杆分离,先埋设基座再安装架杆

固定到基座上,埋设时应将基座周围的回填土砸实。然后在边柱内侧中上部加支柱支撑,支柱的下端应埋入土中。边柱的外侧使用锚线和锚石进行加固,锚线上端固定到边柱的上部,下端固定到埋入土中50厘米深度以下的锚石上,生产上为了便于调节锚线的松紧度,通常在锚线的中部安装一花篮螺丝。

(2)外倾式边柱　外倾式边柱主要由边柱、锚线和锚石组成(图2-32)。

采用该种埋法的边柱向外倾斜(边柱与地面的夹角)45°～60°,埋土深约50～70厘米,在顶部外侧设锚线加固。采用该埋法的边柱要比中柱高40～100厘米,才能保证埋设的边柱与中柱等高,粗度也要大出一个规格,才能保证抗拉力。

采用外倾式边柱,可以节约一个支柱,但在埋设时边柱一定要

图2-32　单壁篱架的外倾式边柱

倾斜到位，与地面的夹角不能大于60°，锚石的埋设深度一定要超过60厘米，否则使用一段时间后，边柱因承载力有限，会被逐渐拉直，甚至内倾，既增加矫正边柱的工作量，又影响葡萄园的整齐美观。

不管使用哪种方式，埋设出的边柱必须高度一致、左右对齐，即使地势高低起伏不平也应呈现为柔和的曲线变化。

3.中柱的埋设

采用水泥中柱，可以将中柱直接埋设开挖好的中柱基坑内，四周的回填土砸实。如果采用钢构中柱则应预制基座。中柱的埋土深度50厘米左右，埋设好的中柱不仅要与同行的中柱、边柱对齐等高，还要和邻行的中柱对齐等高。如果地势高低起伏不平也应呈现为柔和的曲线变化（图2-33）。

图2-33　葡萄中柱随着地形呈现柔和的曲线变化

四、横梁的搭建

过去常用的横梁多为木质横梁、钢构横梁和水泥横梁，现在更多的是采用钢构横梁。棚架中柱上的横梁和双十字架中柱顶部的横梁可以用钢绞线或粗钢丝代替。

1.双十字架的横梁固定

全钢构架材的横梁，可以直接焊接上去，或者使用不锈钢自攻丝固定到立柱上。水泥立柱，钢构横梁的十字架，横梁可以使用U形卡固定到水泥立柱上（图2-34）。目前生产上为了节约成本和稳固葡萄立柱，将双十字架上部的横梁使用粗度0.2厘米以上的镀锌钢丝或钢绞线进行代替。

2.改良Y形架的斜梁固定

如果是全钢构,可以直接焊接上去,也可以使用自攻丝固定;对于采用水泥立柱的钢构斜梁,可以使用图2-35的方式固定到水泥立柱上。在实际生产中,对于中柱上的斜梁经常使用镀锌钢丝进行代替(图2-15)。

图2-34
使用U形卡
固定横梁

图2-35
改良Y形架,
水泥立柱钢构
斜梁的固定

3.棚架的横梁固定

对于采用水泥立柱的水平式棚架和倾斜式小棚架,边柱上的横梁常用镀锌钢管或矩钢,甚至粗度在0.5厘米以上的钢绞线;中间的横梁则可以使用粗度0.3厘米以上的钢绞线或镀锌钢丝代替。钢管或矩钢的粗度应在5厘米以上,全园贯通,使用U形卡固定。

对于采用镀锌钢管或矩钢立柱的葡萄园,将横梁直接焊接上去,或者使用自攻丝直接固定。

需要说明的是,采用水泥立柱的葡萄园(不管是篱架或棚架),在水泥立柱顶部5~10厘米处,应当设置一个直径1~2厘米的过线孔,便于横梁、钢绞线或拉线的固定,或者其他方面的架材改造(图2-36)。

图2-36
带有过线孔的水泥立柱

五、拉线的安装

拉丝在边柱和边柱横梁上的固定,过去都是直接缠绕打结(如图2-37),现在开始使用如图2-38所示铝扣进行固定,使用该种方法首先可以避免拉线的缠绕扭曲,还可以用于两根拉线的连接,但需要购买专用的卡头和液压钳。

图2-37
拉丝在横梁上的缠绕固定

图2-38
使用铝扣固定拉线

购买回来的钢丝都是成盘包装，为了放线容易，应使用放线器（图2-39），既可以避免拉线缠绕，又可以降低劳动强度、提高劳动效率。使用时，一个人拉着拉线前行，拉线器就会跟着转动，从而将拉线从线盘上分离。

为了将架材上的拉线拉紧，过去常使紧线器（图2-40）进行操作。现在主要使用如图2-41所示的固定式紧线器。需要注意的是，在使用紧线器时不要将边柱拉动。

图2-39
放线器

图2-40
常用的紧线器

图2-41
固定式紧线器

整个架材的搭建工作最好在葡萄树没有上架前结束,从而减少架材搭建过程中对葡萄树的伤害。需要特别说明是,在架材搭建过程中,所有的操作工人都应当佩戴安全帽、手套、护目镜等保护性工具。

第三章

葡萄生产中常用的树形及其培养

葡萄为藤本植物,在生产条件下,为了获得产量和优质果实以及栽培管理的方便,必须使葡萄树生长在一定的支撑物上,使其具有一定的树形,并且年年进行修剪以保持树形稳定,调节生长与结果的关系,以求达到丰产、稳产、优质的目的。需要说明的是,树形和架式之间虽然联系紧密,但并不是因果关系,同一种架式可以用不同的树形,同一个树形也能够应用到不同的架式上。

第一节
葡萄生产上的常见树形

(视频3-1)

葡萄生产上常见的树形主要有多主蔓扇形树形、单干水平树形、独龙干树形、H形树形等(视频3-1)。

一、多主蔓扇形树形

该树形的特点是树体在地面上分生出2～4个主蔓,每个主蔓上又分生出1～2个侧蔓,在主、侧蔓上直接着生结果枝组或结果母枝,上述这些枝蔓在架面上呈扇形分布(图3-1)。该树形主要应用在单壁篱架和棚架。

图3-1
采用多主蔓扇形树形的棚架葡萄

二、单干水平树形

单干水平树形，主要包括一个直立或倾斜的主干，主干顶部着生一个或两个结果臂，结果臂上着生结果枝组；如果只有一个结果臂则为单干单臂树形（图3-2），两个结果臂则为单干双臂树形（图3-3）。如果主干倾斜则为倾斜式单干水平树形（图3-4）。该树形主要应用在单壁篱架、十字形架（包括双十字架、多十字架等）上，在非埋土防寒区也可以应用到水平棚架上（图3-5）。

图3-2　单干单臂树形

图3-3　单干双臂树形

图3-4 倾斜式单干水平树形

图3-5 水平棚架上的单干单臂树形

三、独龙干树形

独龙干树形（图3-6），其实也是单干水平树形中的一种。该树形主要应用在棚架上，一株树即为一条龙干，长约3.0～8.0米，主蔓上着生结果枝组，结果枝组多采用单枝更新修剪或单双枝混合修剪。如果一棵树留两个主蔓，则为双龙干树形。葡萄生产上为了便于冬季下架埋土防寒，通常将该树形改良成如图3-7所示鸭脖式独龙干树形。

图3-6 棚架独龙干树形

图3-7 适宜埋土防寒栽培的水平式大棚架鸭脖式独龙干树形

四、H形树形

H形树形，有1个直立的主干和两个相对生长的主蔓，每个主蔓分别相对着生两个结果臂，臂上着生结果枝组（图3-8）。该树形适宜我国非埋土防寒区水平式棚架使用，一般株行距为（4.0～6.0）米×（4.0～6.0）米。

图3-8　H形树形

第二节
葡萄树形的选择

一、根据栽培的葡萄品种选择树形

不同葡萄品种因其生物学特性不同，要求不同的树形和修剪方式。如美人指、克瑞森无核等生长势旺盛、成花力弱的品种，适宜采用能够缓和树势、促进成花的树形，如独龙干树形、H树形或者是臂长超过2米的单干水平树形；对于生长势弱、成花容易的品种如京亚，适宜采用单干水平树形。对于生长势旺盛，同时成花容易的品种如夏黑、阳光玫瑰，采用何种树形则根据田间管理的需要进行确定。

二、根据当地的气候条件选择树形

对于冬季最低温度低于-15℃、葡萄树越冬需要覆土防寒的地区，选择的树形必须能够覆土防寒，如鸭脖式独龙干树形（图3-7）、倾斜式单干单臂树形。对于不需要埋土防寒，但生长季湿度较大、容易发生病害的地区，选择能够增加光照、通风散湿的树形则比较有利于的葡萄树的生长，如高干单干水平树形、独龙干树形等。

对于气候干旱高温、容易发生日灼的地区或品种，建议采用棚架独龙干树形，可以减轻危害。另外在春秋季容易发生霜冻危害的地区，使用干高超过1.4米的葡萄树形也可以减轻危害。

三、根据园区机械化程度选择树形

为了提高劳动效率、降低葡萄园的管理成本，机械化、自动化是今后葡萄园管理的发展方向，所以选择的树形必须有利于如打药、修剪、土壤管理机械的作业，因此在埋土防寒区建议采用倾斜式单干单臂树形，在非埋土防寒区采用单干水平树形（视频3-2）。

（视频3-2）

第三节
主要树形的培养

一、独龙干树形

独龙干树形为我国北方埋土防寒栽培区常见的树形，主要用于棚架栽培，树长4～8米，结果枝组直接着生在主干上，每年冬季结果枝组采用单双枝修剪。现将独龙干树形的培养过程进行介绍如下（视频3-3）。

（视频3-3）

1. 苗木定植

埋土防寒区葡萄苗木定植的位置应离葡萄立柱80厘米左右，以便于树体主干靠近地面部位形成形似鸭脖子弯曲状的造型，有利于树体主干的冬季下架和埋土防寒（图3-7），非埋土防寒区则应与立柱在一条直线上，以便于田间机械作业。

2. 苗木定植第一年的树形培养和冬季修剪

定植萌芽后，首先选择两个生长健壮的新梢，其他多余的新梢全部抹除，当两个新梢生长高度超过60厘米，基部牢固后，选留一个健壮新梢（作为龙干）引绑其沿着架面向上生长，对于其上的副梢，棚架面第一道铁丝以下的全部"单叶绝后"处理，棚架面第一道铁丝以上的副梢每隔15厘米左右保留一个，这些副梢交替引绑到龙干两侧生长，充分利用空间，对于副梢上萌发的二级副梢全部进行"单叶绝后"处理,整个生长季龙干上的副梢都采用这种方法。任龙干向前生长,冬天在龙干粗度为0.8厘米的成熟老化处剪截,龙干上着生的枝条则留2个饱满芽进行剪截,作为来年的结果母枝(图3-9)。埋土防寒区,如果棚架的立面也有拉丝,葡萄树则应引绑到立面的内侧,以及棚架面的下侧,以便于冬季下架埋土防寒。

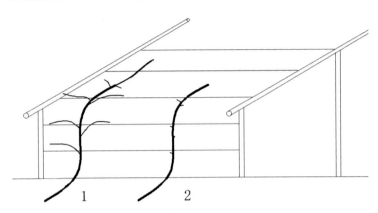

图3-9 定植后第一年的独龙干树形培养和冬季修剪
1—生长季的状态;2—冬剪后的状态

对于冬季需要埋土防寒的地区,葡萄树应在土壤上冻前修剪完成,并埋入土中。对处于埋土防寒线附近的葡萄园(冬季最低温度偶尔会达到-12℃的地区),或冬季容易出现大风干旱的地区,建议第一年生长的幼树最好也进行埋土防寒保护。

3. 第二年的树形培养和冬季修剪

埋土防寒区当杏花开放的时候,抓紧进行葡萄树出土上架;非埋土防寒区当树体开始伤流,龙干变得柔软有弹性时,也应抓紧时间将修剪过的葡萄树进行引绑定位。埋土防寒区在引绑时首先要将龙干向葡萄行间倾斜压弯形成一个一段贴近地面的主干后,再引绑到第一道拉丝上内侧,然后在顺立架架面的内侧和棚架架面的下面进行引绑。

萌芽后,每个结果母枝上先保留2个新梢,粗度超过0.8厘米的新梢，保留一个花序结果；粗度低于0.8厘米新梢上的花序则疏掉，所有新梢采用倾斜式引绑，新梢上萌发的副梢，花序下部的直接抹除，花序上部的则根据品种生长特性采用不同的方法，如冬芽容易萌发的品种（如红地球）采用"单叶绝后"处理，冬芽不易萌发的品种则直接抹除。

龙干上直接萌发的新梢，位于结果母枝之间的直接抹除，位于没有结果母枝龙干前端的新梢，每隔15厘米左右保留一个，交替引绑到龙干两侧。对于龙干最前端萌发的新梢，选留一个生长最为健壮的新梢作为延长头引缚其向前生长，其上的花序必须疏除，其上萌发的副梢每隔15厘米左右保留一个，这些副梢要交替引绑到龙干两侧生长，副梢上萌发的二级副梢全部进行"单叶绝后"培养成结果母枝，当延长头到达架面尽头后摘心，摘心后萌发的副梢则交替引绑到龙干两侧。

冬剪时，对结果母枝采用单枝更新修剪即可。至此树形的培养工作结束。对于没有布满架面的植株，按照第二年的方法继续培养。当树形培养成后，为保持树体健壮，最好每年冬剪时都从延长头基部选择健壮枝条进行更新修剪（图3-10）。

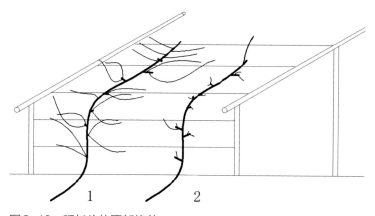

图3-10 延长头的更新修剪
1—生长季的状态；2—冬剪后的状态

二、单干水平树形

单干水平树形,主要包括单干单臂树形、单干双臂树形和倾斜式单干单臂树形等,其中单干单臂和单干双臂树形主要应用在非埋土防寒区,倾斜式单干单臂树形主要应用在埋土防寒区(视频3-4)。

(视频3-4)

1. 单干单臂树形培养

(1)定植当年的树形培养和冬季修剪　定植萌芽后,选2个健壮新梢作为主干培养,当2个新梢长到60厘米、基部牢固后,将两个新梢中较弱的一个去掉,只保留一个健壮新梢并安装牵引杆引缚生长(图3-11)。

图3-11　安装牵引杆引缚生长

当新梢长过第一道铁丝后,要继续保持新梢直立生长,对其上萌发的副梢,第一道铁丝30厘米以下者全部采用"单叶绝后"处理,30厘米以上者全部保留。当定干线(第一道铁丝)上的蔓长达到60厘米以上时,将其顺葡萄行向引绑到定干线上,作为结果臂进行培养,其上的副梢只管向两侧引绑，当副梢长度超过第一道引绑线30厘米后，进行摘心，其上生长的二级副梢保留前端的一个作为延长头继续生长，其他都"单叶绝后"处理。当结果臂生长到与邻近植株距离的1/2时进行一次摘心，如果结果臂上萌发的副梢都能正常生长，则可以不摘心，当其与邻近植株交接时再进行摘心。对于结果臂上生长的副梢全部保留，只管引绑到引绑线上（图3-12）。引绑后的副梢全部做摘心处理，其上萌发的副梢除最顶端的一个可以保留外，其余全部"单叶绝后处理"。以后每向外生长4～5片新叶，就做一次摘心处理，以促进副梢基部芽的花芽分化和枝条粗壮。

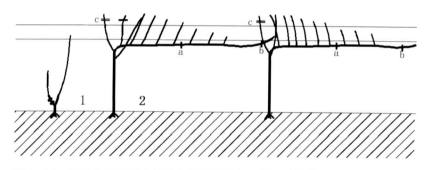

图3-12 单干单臂树形定植当年的新梢选留和结果臂培养

1—当新梢生长到60厘米以上时选留一个健壮生长的新梢；
2—当新梢生长超过定干线60厘米以上后将其引绑到定干线上，作为结果臂培养
a—当结果臂生长到与邻近植株距离的1/2时进行第一次摘心；
b—当结果臂与邻近植株交接时进行第二次摘心；
c—新梢引绑到引绑线上后做摘心处理

如果结果臂上的副梢生长过旺，可以使用25%甲哌鎓800～1000倍液对新梢进行控旺促壮处理。

冬季修剪时，结果臂上生长的枝条全部留1～2个饱满芽剪截（图3-13）。

（2）第二年的树形培养和冬季修剪　萌芽后，每个结果母枝上保留2个新梢，粗度超过0.8厘米的新梢，保留一个花序结果；粗度低

图3-13 单干水平树形第一年冬剪后的样子

于0.8厘米新梢上的花序则疏掉。所有新梢沿架面向上引绑生长,新梢上萌发的副梢,花序下部的直接抹除,花序上部的则根据品种生长特性采用不同的方法,冬芽容易萌发的品种如红地球、克瑞森无核采用"单叶绝后"处理,冬芽不易萌发的品种则直接抹除。

结果臂上直接萌发的新梢,位于结果母枝之间的直接抹除,结果臂前端没有结果母枝区域的每隔15厘米左右保留一个,全部向上引缚生长。

至此树形的培养工作结束。对于部分结果臂没有交接的植株,按照第一年的方法继续培养。需要说明的是定干线以下的主干上要始终保留一个备用枝,用于将来的结果臂更新。

2.单干双臂树形的培养

关于单干双臂树形的培养有两种方法。

（1）第一种培养方法（图3-14）

当选留的新梢生长高度超过定干线后，在定干线下20厘米左右的位置进行摘心，然后在定干线下部选留2～3个新梢继续培养。当新梢生长到60厘米后，再选留两个新梢反方向弓形引绑到定干线上，沿定干线生长，其上的副梢全部保留，向上引缚生长，副梢上萌发的二次副梢全部单叶"绝后处理"。以后的树形培养与单干单臂基本相同，只不过把单臂换成双臂而已。

（2）第二种方法　该方法与单干单臂的树形培养类似，只是在新梢引绑到定干线上作为结果臂培养的同时，在定干线下选一个枝条，反方向引绑到定干线上，作为另一个结果臂进行培养。此后的培养与第一种方法相同。

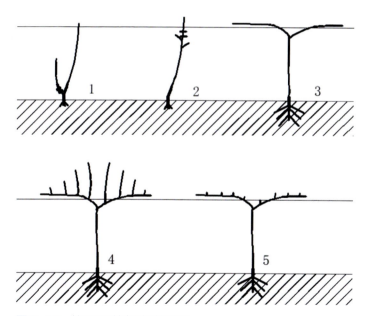

图3-14　单干双臂树形培养过程

1—选留主干；2—主干摘心保留2～3个副梢；
3—选留两个副梢反方向弓形引绑到定干线上，培养成结果臂；
4—结果臂上的副梢全部保留；5—冬季结果臂上的枝条留1～2个芽进行短截

3.倾斜式单干水平树形的培养（图3-15）

倾斜式单干水平树形的培养与单干单臂树形的培养极为相似。区别在于：倾斜式单干水平树形的培养定植时所有苗木均采用顺行向倾斜20°～30°定植，选留的新梢也按照与苗木定植时相同的角度和方向向定干线上培养，当到达定干线后不摘心，继续沿定干线向前培养，此后的培养方法与单干单臂完全相同。以后每年春季出土上架时都要按照第一年培养的方向和角度引绑到架面上。

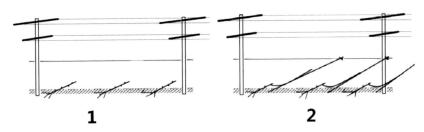

图3-15　倾斜式单干单臂树形的培养
1—苗木定植；2—选留新梢和培养

三、H形树形

H形树形在我国南方葡萄产区较为常见，适宜水平式棚架使用。

1.定植当年的树形培养和冬季修剪（图3-16）

定植萌芽后，先选留两个健壮新梢，当新梢基部生长牢固后，再选留成一个健壮新梢引缚其向上生长，对于其上的副梢全部"单叶绝后"处理，当新梢长过棚架架面后，在架面下20厘米处对新梢进行摘心处理，摘心后选留两个副梢即将来的主蔓，反方向引绑，向行间生长，主蔓上的副梢全部单叶绝后处理，当主蔓达到行距的1/4时进行摘心，摘心后选留两个副梢与主蔓垂直反方向引绑生长，培养成结果臂，结果臂上的副梢全部保留，每隔10～15厘米选留一个，交替引绑到结果臂两侧，进而培养成下一年的结果母枝。冬季结果臂在粗度0.8厘米以上的成熟老化处剪截，其上的枝条留1～2个饱满芽短截。

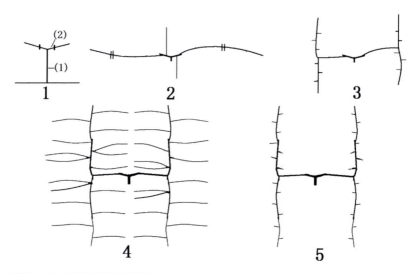

图3-16　H形树形的培养
1—(1)主干、(2)主蔓；2—主蔓摘心；3—结果臂的培养；4—第二年生长季的树形；5—第二年冬剪后的树形

2.定植第二年的树形培养和冬季修剪

第二年春季萌芽后，结果臂上结果母枝萌发的新梢根据空间大小选留1～2个，粗度超过1厘米的新梢可以保留1个花序进行结果。如果结果臂未能与邻近植株的结果臂交接，则选留顶端的一个健壮新

（视频3-5）

梢继续向前培养，达到交接时再摘心，其上的副梢每隔15厘米左右保留一个，交替引绑到两侧，培养成结果母枝。冬季结果母枝均采用单枝更新修剪，树形至此培养结束（视频3-5）。

第四节
树形培养的配套措施

要想快速培养树形，形成产量，从苗木选择、到土肥水管理和病虫害防控各个环节都要用心管理。

一、苗木选择

苗木是整个葡萄生产的基础，因此在购买葡萄苗木时应严格按照国家颁布的苗木标准购买苗木，最好选择无病毒苗木，或者组培复壮过的苗木（图3-17）。嫁接苗一定要经过砧穗组合实验检查，否则选择自根苗更稳妥（图3-18）。营养钵苗除非不得已，尽量不要使用。表3-1和表3-2为自根苗和嫁接苗的质量参考标准。

图3-17
组培复壮后的葡萄苗

图3-18
一年生扦插苗和嫁接苗

表3-1 葡萄自根苗质量标准

项目		级别		
		一级	二级	三级
品种纯度		≥98%		
根系	侧根数量	≥5	≥4	≥4
	侧根粗度/厘米	≥0.3	≥0.2	≥0.2
	侧根长度/厘米	≥20.0	≥15.0	≤15.0
	侧根分布	均匀、舒展		
枝干	成熟度	木质化		
	枝干高度/厘米	20.0		
	枝干粗度/厘米	≥0.8	≥0.6	≥0.5
根皮与枝皮		无新损伤		
芽眼数		≥5	≥5	≥5
病虫危害情况		无检疫对象、根结线虫、蚧壳虫、根癌病、白腐病和蔓割病		

表3-2 葡萄嫁接苗质量标准

项目			级别		
			一级	二级	三级
品种与砧木纯度			≥98%		
根系	侧根数量		≥5	≥4	≥4
	侧根粗度/厘米		≥0.4	≥0.3	≥0.2
	侧根长度/厘米		≥20.0		
	侧根分布		均匀、舒展		
枝干	成熟度		充分成熟		
	枝干高度/厘米		≥30.0		
	接口高度/厘米		10.0～15.0		
	粗度	硬枝嫁接/厘米	≥0.8	≥0.6	≥0.5
		绿枝嫁接/厘米	≥0.6	≥0.5	≥0.4
	嫁接愈合程度		愈合良好		
	根皮与枝皮		无新损伤		
	接穗品种芽眼数		≥5	≥5	≥3
	砧木萌蘖		完全清除		
	病虫危害情况		无检疫对象、根结线虫、蚧壳虫、根癌病、白腐病和蔓割病		

二、开挖定植沟

如果在山坡地、盐碱地、瘠薄地和黏土地建园，为了使葡萄苗生长健壮、早结果，必须挖定植坑或定植沟。定植坑的规格为长、宽、深均为0.6米，株距小时可以直接挖成宽、深均为0.6米，长度等于葡萄行长的定植沟（视频3-6）。

（视频3-6）

在准备开挖定植沟前,应按照每亩地5000千克腐熟的有机肥、100千克过磷酸钙和40千克三元素平衡复合肥,以及若干中微量元素肥料,条施到定植行上,然后用旋耕机旋耕两次(图3-19),再用小型挖掘机开挖定植沟(图3-20),然后浇水沉实、整平,重新定植行放线,架设葡萄架,最后根据株距确定定植点,挖深20～40厘米、直径20厘米的定植穴(图3-21),等待定植。

图3-19 旋耕混匀肥料

图3-20 使用挖掘机开挖定植沟

图3-21 打坑机开挖好的定植穴

三、葡萄苗定植

葡萄苗的定植应当在春季最低气温回升到0℃以上时进行,栽苗前一定要对种植地块的葡萄品种和苗木数量进行核对,确保不在定植时出现品种错误和苗木缺失。定植的葡萄苗,在定植前一天要用清水浸泡12个小时以上,让苗木充分吸水,其次要对苗木根系进行修建,长度保留在15厘米左右。定植时葡萄苗应位于定植穴中央,埋深要略高于苗木的根茎部,同时要左右前后对齐。

葡萄苗定植后,立即浇透水,等无明水后覆盖地膜,起控制地温和保持土壤墒情的作用,为葡萄苗生根发芽创造良好的土壤条件。如果提高地温可以使用厚度为0.01毫米左右的白色透光地膜,降低地温则使用黑色加厚地膜。需要注意的是,地膜上的放苗孔必须用土压实,不能漏气;其次当膜下的杂草开始旺盛生长,把地膜拱起来后,要及时撤掉地膜清理杂草。

四、土肥水管理

土肥水管理见视频3-7。

1. 土壤管理

撤掉地膜后,葡萄行上采用清耕管理,定期进行中耕松土除草,葡萄树周围60厘米内无杂草,为葡萄根系生长创造良好的土壤条件。葡萄行间采用自然生草并定期进行旋耕,严禁套种蔬菜、瓜果和高秆作物(图3-22)。

(视频3-7)

图3-22 葡萄行间自然生草,葡萄行上清耕管理的葡萄园

2. 肥水管理

葡萄苗在春季灌水覆膜后,尽量控制灌水,以便于地温提升,促进根系萌发新根。前期可以滴灌低浓度促进生根的海藻酸类肥料,氮磷钾等大量元素肥则应在葡萄新梢生长到60厘米见到卷须后再进行,葡萄树的每次施肥都必须和灌水相结合。

在葡萄苗生长的前期应以氮肥为主，磷钾肥为辅，可交替使用高氮型水溶肥和平衡水溶肥，以促进苗木快速生长；生长中期氮磷钾平衡使用，兼顾中微量元素，可使用平衡型水溶肥，在促长的同时兼顾充实；苗木生长的后期，尤其是进入秋季以后，应当以磷钾肥为主，兼顾氮肥和中微量元素，促进枝条老化成熟。

施肥应采用少量多次的原则，每隔10～15天一次，每次每亩地的施肥总量5～10千克，安装滴灌的可以采用随水滴施，没有安装滴灌的葡萄园可以采用机械条施或人工穴施，但要及时浇水。进入秋季后秋施基肥（图3-23）。

图3-23　秋施基肥

五、病虫害防控

葡萄树形培养阶段，需要重视的害虫主要有绿盲蝽、金龟子和甜菜夜蛾等害虫，这些害虫直接影响葡萄树定植当年的树形培养和第二年的葡萄产量。生产中多使用菊酯类农药（图3-24）、甲氨基阿维菌素苯甲酸盐和噻虫嗪等药剂进行防治。

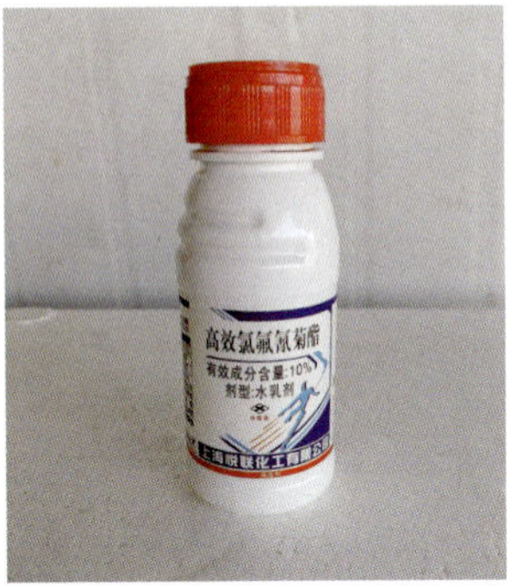

图3-24
常用的菊酯类杀虫剂高效氯氟氰菊酯

近几年，随着葡萄避雨栽培的广泛应用，葡萄病害的预防已得到较好的解决，如葡萄上的第一大病害霜霉病（图3-25）的发生已得到很好的控制。因此在树形培养阶段使用常规的保护剂如代森锰锌（图3-26）、甲基硫菌灵和福美双即具有很好的效果。避雨棚的使用大大降低了生产中植保工作压力，为树形培养提供了更为优越的条件。

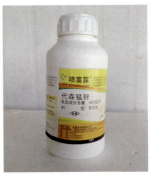

图3-25
葡萄霜霉病在葡萄叶背面的症状

图3-26
葡萄树形培养阶段的杀菌剂代森锰锌

第四章
葡萄树的整形修剪及管理

第一节
葡萄树萌芽后的整形修剪及管理

一、抹芽

早春葡萄萌芽后,除了冬剪保留的结果母枝上的芽眼会萌发外,主干、主蔓、结果臂和结果母枝基部的隐芽也会大量萌发,如果有生长空间则一定要保留,以便于树形的矫正和更新,对于没有生长空间的则应在萌芽(图1-17)到叶片显露期(图1-18)将其抹除。抹芽过早,芽头太小,费工费时不易操作;过晚会造成较多的养分流失(视频4-1)。

(视频4-1)

二、定梢(定枝)

定梢是控制葡萄架面上新梢数量和空间分布的有效方法,通常要根据产量和树形的要求来实施。无论棚架或篱架栽培,都要根据品种的生长结实特性和预期产量,来决定新梢留量(视频4-2)。

(视频4-2)

1. 定梢操作

通常结果母枝上的芽眼,除了主芽萌发外,侧芽(预备芽)也会萌发,一个芽眼往往会长出1~3个新梢,为了使架面上的新梢分布均匀合理和养分集中供应,须及时进行定梢工作。

定梢分三次进行,第一次在叶片显露期到展叶期新梢长度3~5厘米时进行,抹去结果母枝和预备枝上单芽双枝或单芽三枝中的极弱枝,保留1个生长势旺盛的新梢(图4-1)。如果单眼双枝中的两个新梢生长势相当且周围结果母枝数量稀疏,则可以都保留下来以补充结果母枝的数量、完善树形培养。

图4-1
第一次定梢,
抹去芽眼中的极弱枝

第二次定梢在新梢长到10～15厘米能够看到花序时进行,首先是保留结果母枝上靠近主蔓或结果臂的基部带花新梢,如果都没带花,则保留基本新梢。如果同一结果枝的上部新梢带有花序,而基部新梢没有花序,则保留上部带花新梢。

前两次定梢所留下的新梢数量要比实际计划产量所需的枝条数量稍多,一般为计划产量所需留枝量的1.2倍为宜,以预防大风或农事操作等造成的损坏。等到三次定梢时再操作到位。

第三次定梢,与新梢引绑一起进行,将过密部位的弱枝和上位枝除去,为将来的生长留下空间。

2. 定梢的注意事项

定梢要依树势、架面新梢密度、架面部位来定。弱树多疏,旺树多留。多疏枝则减轻负载量,利于恢复树势。少疏枝则消耗多,可削弱树势,以达到生长与结果的平衡。对架面枝条要密处多疏,稀处少疏或不疏；下部架面多疏，有利于下部架面通风透光。上部架面少疏，利于架面光合截留。同时，还要疏除无用的细弱枝、花穗瘦小的结果枝、下垂枝、病虫枝、徒长枝等。参考标准为：大果穗的葡萄品种（单穗重超过1000克），棚架独龙干树形，每米主蔓上留8个左右新梢，篱架单干水平树形每米结果臂上留8个左右新梢；中等果穗的葡萄品种（单个果穗重量超过750克），棚架独龙干树形，每米主蔓上留9个左右新梢，篱架单干水平树形每米结果臂上留9个左右新梢；小果穗的葡萄品种，棚架独龙干树形，每米主蔓上留10～12个新梢，篱架单干水平树形每米结果臂上留10～12个新梢。

对于生长期长、高温多湿、病害发生重的地区，适当少留梢；无霜期短，气候干燥，光照充足，病害轻的地区，可适当多留枝。各地葡萄种植者应结合实际情况可灵活运用。

三、新梢引绑

葡萄新梢引绑的目的是使新梢合理分布在架面上，充分利用架面空间，构成合理的叶幕层，即充分利用光照，又利于通风透光，减少病虫害的发生。一般在新梢长到60厘米以后，超过引绑线20厘米后，再进行引绑，以避免新梢扭曲和折断。

新梢引绑主要有倾斜式引绑、垂直引绑和水平引绑等方法。倾斜式引绑适用于各种架式，多用于引绑生长势中庸的新梢，以使新梢长势继续保持中庸，发育充实，提高坐果率及花芽分化。生产上采用双十字架或十字形架的葡萄树，其新梢自然长成

（视频4-3）

倾斜式引绑，从行向正面看树形呈V或Y形（图4-2，视频4-3）。

垂直式引绑具有增强新梢生长势、促进生长的作用，采用单壁篱

图4-2 新梢引绑后的Y形架架面

图4-3 单壁篱架,单干水平树形的枝条垂直引绑

架栽培,其新梢自然就是垂直引绑(图4-3),这也是生长势偏弱的酿酒品种多采用单壁篱架的原因之一。

水平式引绑具有削弱新梢生长势、促进基部芽发育的作用。生产上棚架栽培的葡萄树,尤其是水平棚架栽培的葡萄树,其新梢多为水平引绑,这也是大棚架适用于红地球和克瑞森等生长势旺盛、不易成花品种的原因(图4-4)。

图4-4 水平棚架引绑的新梢

新梢引绑的材料,过去主要使用毛线、稻草、苞谷叶、尼龙草等,现在葡萄生产上广泛使用的是扎丝(图4-5)和塑料卡扣。

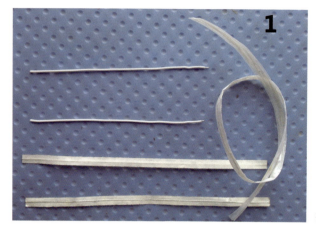

图4-5 引绑新梢常用的扎丝

四、新梢摘心和副梢处理

摘心即摘除新梢顶端,具有抑制新梢顶端生长,促进花序、侧芽和副梢发育的作用。随着新梢生长,葡萄的夏芽逐渐萌发形成副梢(图4-6),为保持架面通风透光,应对副梢进行处理(视频4-4)。

(视频4-4)

1.结果枝摘心和副梢处理

对于落花落果严重、冬芽不易萌发的葡萄品种如巨峰、京亚、夏黑等,在开花前3~5天,花序上留3~4片叶进行摘心,长势过旺、花序有退化迹象的新梢也可在花序上2叶重摘心处理。在进行摘心的同时将结果枝上所有的副梢从基部直接抹掉。摘心后再萌发的副梢,除了保留顶端的一个副梢外,其余的全部从基部抹除;顶端副梢生长超过架面后,再根据田间管理需要进行剪梢。

对于坐果率高、冬芽易萌发的品种如美人指、红地球等品种,可以在花序上留4~6片叶进行轻摘心。对于这些品种上的副梢:花序以下的直接抹除,花序以上的采用"单叶绝后"处理(图4-7)。这种副梢处理方法可以减轻摘心对冬芽的刺激,避免冬芽大量萌发,其次

图4-6
夏芽萌发形成的副梢

图4-7
葡萄副梢"单叶绝后"处理

可有效增加叶面积。摘心后，只保留顶端的一个副梢任其生长，其他副梢依旧采用"单叶绝后"处理。

另外,需要说明的是,如果在花朵分离期,花序上部第一个节间的长度已经超过12厘米,说明新梢已经严重徒长,为控制新梢生长,促进花序和花朵发育,不管什么品种都应在开花前进行摘心,结果枝上的副梢全部采用单叶绝后处理。摘心后萌发的副梢,除了保留顶端的一个副梢外,其余的全部"单叶绝后"处理;顶端副梢长到8～10片叶时再次摘心,顶端副梢上萌发的二级副梢应从基部抹除,这次摘心后萌发的三级副梢生长超过架面后,根据田间管理需要进行剪梢处理。

对于容易发生日灼或气灼的葡萄品种如阳光玫瑰,在开花前3～5天,花序上4～6片叶进行摘心,花序下的副梢全部抹除,花序对面及以上的2个副梢留两片叶摘心,再往上的副梢进"单叶绝后",摘心后萌发的副梢,保留一个引绑其向前生长,其他副梢单叶绝后处理,当其生长超过架面50厘米后,再次进行摘心,摘心后只保留顶端的一个副梢任其生长,进入秋季后从基部剪除。

2.营养枝摘心和副梢处理

对于冬芽不易萌发的品种如京亚、巨峰、夏黑等,为了促进基部芽发育,可以在开花前3～5天,与结果枝同一时间进行摘心,同时将副梢全部抹除。摘心后萌发的副梢,选留前端的一个引缚生长,其上的二级副梢从基部抹除,当其生长超过架面50厘米后,再进行次摘心,摘心后保留顶端的一个副梢任其生长,进入秋季后从基部剪除。

对于生长势强、冬芽易萌发的品种如美人指、克瑞森无核等,新梢生长快达到第二道引绑线时进行第一次摘心,其上的副梢全部进行"单叶绝后"处理。摘心后萌发的副梢,保留一个副梢引绑其向前生长,其上的二级副梢可以直接抹除,当其生长超过架面50厘米后,再进行摘心,同样摘心后只保留顶端的一个副梢任其生长,进入秋季后从基部剪除。

需要说明的是，对于营养生长过旺、花序发育较弱的新梢，可在花序分离期花序上2片叶重摘心，以促进花序的发育。

五、除卷须

卷须在栽培条件下已失去其攀缘固定的作用，反而会缠绕枝蔓、果穗，造成树形紊乱，老熟后又不易除去，影响修剪和采收。因此，应在摘心、引缚新梢、去副梢时，加以去除。

六、花序修整

花序修整见视频4-5。

（视频4-5）

1.疏花序

葡萄树一个结果枝上，通常会带有1～3个花序，为维持树势和调控产量，应在花序分离期进行疏花序，弱树和中庸树要早疏，旺树可以晚疏，以花压树，防止营养生长过旺，导致花序退化。疏除花序，首先疏掉发育不良的弱小花序或畸形花序。其次是位置不当和过密的花序，使有限的养分集中供应保留的优良花序。通常一个结果枝保留一个花序，对于小果穗品种如常见的酿酒品种，则可以保留2个花序。

2.拉长花序

部分品种如夏黑、巨玫瑰，进行保果处理后葡萄果粒着生紧密，果粒易互相挤压变形，不仅影响果穗外观，还易产生裂果。为解决这个问题，常用果穗拉长剂进行处理，常用的是赤霉素，一般是在花序分离期花序长度7～15厘米时（图4-8），使用4～5毫克/升赤霉酸（GA3）或美国奇宝4万～5万倍均匀浸蘸花序或喷施花序，可拉长花序1/3左右（图4-9），减轻疏果用工。但一定要掌握好使用时期和浓度，否则会造成花序扭曲畸形。

图4-8 适宜葡萄花序拉长的时期

图4-9 使用奇宝进行花序拉长的效果对比

需要说明的是,不是所有的葡萄品种都可以用赤霉素拉花序,如阳光玫瑰很容易造成花序畸形。

3. 花序整形

通过葡萄花序整形可以控制花序大小和形状,使养分集中供应,从而使开花期相对一致,提高保留花朵的坐果率,减少后期果穗修整的工作量。

(1)仅留花序尖部的花序整形　仅留花序尖部的花序整形见图4-10。花序整形的适宜时期为开花前1周至始花期。具体操作为:准备进行保果化处理的葡萄品种如巨峰、京亚等一般保留穗尖6～8厘米,大概10～12个分枝,其余分枝和副穗全部去除。大果穗品种,如魏可、美人指、夏黑等品种一般留穗尖8～10厘米,大概12～15个分枝。

(2)保留中间部分的花序整形　开花前2～5天开始,将花序修整成图4-11所示的样子,整个花序只保留中间10～15小分枝。

图4-10
仅留花序尖部的花序修整法

图4-11
保留中间部分的花序修整

(3)剪短过长分枝的花序整形 夏黑、巨玫瑰、阳光玫瑰等品种常用此法。见花前2～3天开始,使用剪刀首先将副穗以及副穗下部的3～6个分枝去除,剩余的分枝剪留成约1.5厘米的长度,整个花序整成圆柱形(图4-12)。

图4-12
剪短过长分枝的花序整形

(4)分枝隔二去一的花序整形 红地球、圣诞玫瑰、红宝石等花序分支既多又长的品种常用此法。见花前2～5天开始,使用剪刀去除副穗及其下部的2～4个分枝,然后沿花序从上到下每隔两个分枝疏除一个分枝,并将上部过长的分枝剪短。

七、保果和膨大处理

近些年,葡萄的保果和膨大技术在生产中被广泛应用。保果膨大技术能够实现果实的稳产丰产,如不具备自然坐果能力的三倍体葡萄品种夏黑的繁荣和发展正是由于保果和膨大技术的保驾护航。自然结实表现不好、商品性差的巨峰系品种采用保果膨大技术，明显改善了品种自身的弊病。金手指、醉金香等品种处理过后增强了耐储运性。无核化保果和膨大处理技术成就了一个另类的阳光玫瑰（图4-13），使其成为继巨峰、红提、夏黑等经典品种后又一个具有跨时代意义的品种（视频4-6）。

（视频4-6）

图4-13
保果和膨大处理的阳光玫瑰果穗

1.保果

保果措施能够有效改善因树势、肥水、天气等诸多因素造成的坐不住果和果串商品性差的问题，从而实现葡萄的稳产丰产。目前生产上常用的保果产品，其有效成分多为赤霉酸、噻苯隆、氯吡脲、苄氨基嘌呤（6-BA）等（图4-14）。依据不同葡萄品种的生长特征及对不同处理剂的敏感差异，可采用单一药剂处理或多种药剂复配的方式进行保果处理。

图4-14
生产常用的几种
葡萄处理剂

保果处理分为无核化保果和有核化保果。无核化保果处理根据药剂和品种的不同,处理时期可从开花前7天到花满开后48小时,处理方法主要是进行蘸穗和喷穗。该项操作是整个葡萄生产中最重要的环节之一,具体操作时一定要根据厂家的说明和技术指导进行操作,千万不能盲目使用。

有核化保果最适宜的时间为生理落果初期。生理落果初期手指轻轻弹触花序,有少量花蕾掉落即为最佳时间,处理过晚则落果严重,影响保果效果。

需要注意的是,如保果处理1天后仍有较为严重的落果现象,要及时复保,不要拖延和等待,以免造成更大的损失。

2. 膨大处理

膨大处理首先能够显著增大果粒、提升穗重、丰满果穗形状、提高果实商品性和商品率;其次,膨大处理能够增强果实硬度、改善肉质、提高储运性能、降低成本损耗(图4-15)。但过度追求大果粒也会带来果皮酸涩、上糖困难、果粒中空(图4-16)、后期软果、树体黄化等诸多问题。

图4-15
保果膨大处理后
阳光玫瑰的商品果

图4-16
过度膨大处理
造成的阳光玫瑰
空心果

果实膨大处理一般在保果后第12～15天进行。不同品种应根据品种特性选择相对应的植物生长调节剂和相应浓度进行蘸穗处理，蘸穗后及时抖落果粒上残存的药液，避免产生药害（图4-17）。处理期间及处理后一段时期需要相对充足的土壤和适宜的空气湿度，从而保证药效的充分发挥。

图4-17
高温天气阳光玫瑰膨大处理产生的药害

八、修果穗

疏果穗和果穗修整是提高鲜食葡萄品质的一项重要技术措施，可显著改进果穗和果粒的外观品质、提高果实的内在质量（视频4-7）。

（视频4-7）

1. 疏果穗和剪穗尖

幼果期进行疏果穗操作。首先将畸形果穗、带病果穗、极松散果穗、绿盲蝽危害带有黑色斑点果粒过多的果穗疏除。其次是按照计划产量，将超出计划的果穗疏除，通常生产精品果的葡萄园每亩保留的果穗数不超过2200穗，大众果的葡萄园不超过3000穗，每棵树上5个新梢留4穗果。对于生长较弱的葡萄品种如粉红亚都蜜、红巴拉多应及早进行疏果穗；对于生长势旺盛、容易徒长的品种如夏黑、阳光玫瑰等葡萄品种疏果穗的时期可以适当往后推迟，只要在果实封穗期以前完成即可。

对于采用剪短过长分枝花序整形的葡萄品种如夏黑应在幼果期将过长果穗的穗尖剪除,保留18厘米左右。另外使用拉长剂处理的花序,如果坐果后果穗过长也应进行剪穗尖,保留的果穗长度不应超过20厘米。

2. 疏果粒

疏果粒的目的在于促使果粒大小均匀、整齐、美观,果穗松紧适中,防止挤压变形,以提高其商品价值。

疏果粒一般分两次进行,第一次疏果在幼果膨大期进行,通常与疏穗一起进行。对大多数品种在幼果进入第一次膨大期后进行疏果粒越早越好,增大果粒的效果也越明显。但对于树势过强且落花落果严重的品种,疏果时期可适当推后;对于容易出现大小粒的葡萄品种,由于种子的存在对果粒大小影响较大,最好等到大小粒明显时再进行为宜。第一次疏果的意义非常重要,一定要操作到位,常见的问题是担心果粒不够用,舍不得疏果。具体保留多少果粒可以参考表4-1。

表4-1 不同单粒重葡萄品种的疏果粒标准

品种类型		每穗果粒数	果穗重/克
有核品种	小果粒品种(单粒重<12.0克)如夏黑、巨玫瑰	70左右	600左右
	中果粒品种(单粒重12.0~15克)如阳光玫瑰、红地球	50左右	600左右
	大果粒品种(单粒重>15克)如藤稔、黑色甜菜	40左右	600左右
无核品种	小果粒品种(单粒重<4.0克)如红宝石无核、火焰无核	170左右	600左右
	中果粒品种(单粒重4.0~6.0克)如红艳无核	120左右	600左右
	大果粒品种(单粒重>6.0克)如膨大剂处理后的无核白鸡心	90左右	600左右

第二次疏果粒一般在果实封穗前进行,这一次疏果粒格外重要,因为这次疏果后葡萄果实即将进行套袋。病虫危害果粒、裂果果粒、小果粒和局部拥挤的果粒必须剔除。如果这次操作时果粒过于紧密剪刀已经无法伸到果穗内部,如使用果实膨大剂处理的夏黑果实,可以徒手将果粒扣掉。图4-18为二次疏果后的标准果穗。

需要说明的是,疏果粒时一定要避免剪刀对保留果粒的伤害,这些被剪掉划伤或戳伤的果粒极易被杂菌感染,引发病害。

图4-18 第二次疏果后的阳光玫瑰果穗

九、果实套袋

套袋是将葡萄果穗套入果袋内,在与外界隔离的情况下生长,是一种生产优质鲜食葡萄的重要技术措施。套袋可以避免白腐病、炭疽病等多种葡萄果实病害的侵染,减少农药、尘土等环境污染,提高果实商品价值(图4-19),是发展无公害葡萄生产的重要途径(视频4-8)。

(视频4-8)

目前果袋常用的有大、中、小三种型号,果袋宽度18~28厘米、长度24～39厘米,种类有无纺布袋、塑膜袋、纸袋。但生产上最常用的是白色木浆袋(图4-19)、绿色木浆袋和渐变色袋(图4-20)等,后两种袋子主要在阳光玫瑰上使用。通常果袋口一侧附有一条长约65

图4-19
套袋栽培的
金手指葡萄

图4-20
渐变色果袋

毫米的细铁丝，作封口用，底部两个角各有一个排水孔。套袋的具体流程是，在套袋前2～5天，全园灌一次透水，增加土壤和空气湿度，减轻日灼和气灼的危害，套袋前一天或上午进行果穗蘸药处理（图4-21），防治果实病虫害，果袋袋口也要进行蘸水处理（图4-22），利于果袋的扎口操作。对于日灼严重的品种或地区，建议下午温度下降后再进行过果实套袋，套袋时先将果袋口张开，然后从下往上将果穗全部套住，然后将袋口收紧到穗轴上，用袋口的扎丝扎紧果袋口（图4-23），

图4-21　果穗浸蘸药剂

图4-22　浸湿果袋口

图4-23　捆扎袋口

套完袋的葡萄行如图4-24的样子。套完袋的葡萄树最好在当天晚上灌水，减轻日灼或气灼发生的程度。

图4-24　套袋完成

十、环割和环剥

环剥是生长期内在结果枝上或主干、主蔓上，环状剥去一部分树皮（韧皮部）（图4-25），如果只割伤而不将树皮剥去则为环割。对生长强旺的结果枝或葡萄树进行环割或环剥。暂时中断伤口上部叶片的碳水化合物及生长素向下输送，使营养物质集中供给伤口上部的枝、叶、花、果等器官，具有提高坐果率、促进果实着色、提早成熟等作用（视频4-9）。

（视频4-9）

不同时期的环剥和环割可以产生不同的作用。在开花前进行可以促进坐果，谢花后进行可以促进果粒膨大，果实转色前进行可以促进果实成熟。环剥宽度为2～6毫米。切勿环剥过宽，否则伤口不易愈合，导致枝蔓枯死。环剥后，伤口应用黑色塑料薄膜包扎（图4-26），防止病菌感染。环割的作用要比环剥轻许多，为了增加效果会在同一时间内在同一部位连续进行2～3次环割。过去主要使用嫁接刀进行操作，现在已有专用的环割器（图4-27），操作简单、省工。

需要注意的是，由于环剥严重阻碍了养分向根部输送，对植株根系生长起到抑制作用。过量使用环剥，易引起树势衰弱，因此多在旺树上使用。

图4-25
主干环剥

图4-26
使用黑色塑料胶带包裹环剥伤口

图4-27　环割器

十一、除老叶、剪嫩梢

对于部分中晚熟葡萄品种,当葡萄果实进入转色期后,枝条基部的部分老叶开始变黄,失去光合作用能力,开始消耗树体内的营养物质,对于这些老叶应及时去除。有时生产上为促进葡萄果实上色,在葡萄果实开始转色时,去除果实附近遮挡果实的2～3个叶片,以增加光照,促进果实上色(图4-28、图4-29,视频4-10)。

(视频4-10)

图4-28
克瑞森葡萄摘除果实附近叶片,但保留叶柄,从而改善果实附近的光照条件,促进果实上色和成熟

第四章　葡萄树的整形修剪及管理

图4-29
酿酒葡萄摘除果实附近的老叶,改善光照条件,促进果实增糖着色

北方地区8月中旬以后,架面外抽生的嫩梢,不仅浪费养分,又易引发霜霉病,应将其剪掉(图4-30),以减少树体养分消耗,促进枝条成熟。

图4-30
使用绿篱机修剪掉超出架面的嫩梢

第二节
葡萄树落叶后的整形修剪及管理

进入秋季,随着葡萄采收工作的逐渐结束,外界气温逐渐降低,这时的葡萄生长开始减弱,茎秆变为红褐色,叶片凋零,冬芽也覆上了一层绒毛,葡萄植株逐渐进入休眠状态。也预示着葡萄树的冬剪工作即将展开。对于树形培养结束的成龄树,冬剪主要是维持已培养成了的树形、调节树体各部分之间的平衡,使架面枝蔓分布均匀,防止结果部位外移,保持连年丰产稳产。

葡萄树修剪的时期应在葡萄落叶后30天到翌年春伤流期前1个月为宜。埋土防寒地区的冬剪在霜降前后开始,土壤封冻前必须完成修剪并埋入土中,对于时间比较紧迫的地区,在埋土前先进行简单的初剪,来年出土后再进行一次复剪;非埋土防寒地区则应到树体进入深眠时期修剪为好。通常修剪的时期越晚,来年葡萄树萌芽也会越晚。春季容易发生霜冻危害的地区,可以通过晚剪,推迟葡萄萌芽,来躲避霜冻危害。另外修剪用的剪和锯要锋利,使剪口、锯口光滑,以利于愈合,对于比较大的伤口,还应涂抹保护剂(图4-31)。一年生枝条的剪截要截在离芽2~3厘米的位置,不可离芽太近,以免失水干枯,同时剪口要圆润平滑(视频4-11)。

(视频4-11)

一、枝条冬剪常见术语及其应用

一年生枝条修剪常用的方法有疏除、极短梢修剪、短梢修剪、中梢修剪、长梢修剪和超长梢修剪,具体规格和适用品种见表4-2。

图4-31 冬剪时产生的大伤口应涂抹伤口保护剂进行保护

表4-2 一年生枝剪留长度及适用品种

名称	留芽量	适用品种或目的
极短梢修剪	1芽	适用于花芽分化节位低的品种如京亚、巨峰、户太8号、藤稔、香悦和金手指等品种的修剪
短梢修剪	2～3芽	
中梢修剪	4～8芽	适用于花芽着生部位较高的品种红地球、美人指、克瑞森无核等品种的修剪
长梢修剪	9～13芽	适用于幼树延长头的修剪和树体更新
超长梢修剪	15芽以上	

二、留枝量的确定

修剪前，应根据计划产量和该品种的结果枝率、萌芽率和单穗重，计算出留枝量。通常亩产量为1500千克左右的葡萄园，约需要留2000～2500个果穗、大致2500～3000个新梢、1500个左右的结果母枝，每米架面留7个左右的结果母枝，每个结果母枝留1～2个饱满芽。

另外，对于容易发生冻害的地区，葡萄冬剪时应多留出10%～20%的枝作为预备枝，以弥补埋土、上下架、冻害等造成的损失。

三、结果母枝的修剪

对于树形培养结束的葡萄园，葡萄树的修剪其实就是结果母枝的修剪。常用的修剪方法主要有两种：单枝更新修剪法和双枝更新修剪法。

1. 双枝更新修剪法

结果母枝上选留两个健壮的一年生枝，下部枝条留1～2个饱满芽剪截，作为预备枝，上部枝条留3～4个饱满芽剪截，用于第二年结果（图4-32左）。该修剪方法适用于大多数品种。通常要求结果枝组之间有较大的空间，供来年的新梢生长。近年来，该修剪方法在葡萄生产上逐渐淘汰。

2. 单枝更新修剪法

冬剪时将结果母枝回缩到最下位的一个枝，并将该枝条剪留1～2个饱满芽，作为下一年的结果母枝。这个保留的短枝，既是第二年的结果母枝，又是第二年的更新枝，结果与更新合为一体（图4-32右）。

图4-32
左侧为双枝更新,
右侧为单枝更新

近年来,随着葡萄园用工成本的迅速增加,机械修剪和省工修剪成为主流,双枝更新在葡萄树修剪上的使用逐年减少,单枝更新修剪成为主流。对于花芽分化节位低的品种如京亚、巨峰、夏黑、户太八号等,留基部2个芽短截,每米架面保留6~8个结果母枝。对于结果部位偏高的品种如红地球,留3~4个芽剪截,每米长架面保留6~8个结果母枝。采用该修剪方法的葡萄园,应当严格控制新梢旺长,促进基部花芽分化,提高基部芽眼萌发的结果枝率。

另外,人工修剪的葡萄园需要注意的是,在对每棵葡萄树进行修剪前,首先应当剪除那些未成熟老化的枝条,其次是带有严重病害或虫害的枝条,最后才是结果母枝的选留和剪截。对于机械修剪的葡萄园,当机械修剪过后,还应进行人工复剪。

四、结果枝组的更新

随着树龄的增加,结果部位会逐年外移,当架面已经不能满足新梢正常生长的时候，就要对结果枝组进行更新。

1. 选留新枝法

葡萄主蔓或结果枝组基部每年都会有少数隐芽萌发形成的新梢，对于这些新梢要重点培养，使其发育充实，冬季留2个饱满芽进行短截，原有结果枝组从基部疏除，来年春天萌发出的2～3个新梢进行重点培养，即成为新的结果枝组。更新过程见图4-33。

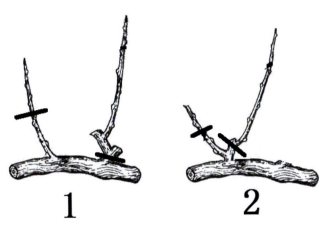

图4-33　选留新枝法培养结果枝组

1—对当年培养的枝条留2个芽进行短截，衰老枝组疏除；
2—对第二年萌发的新梢重点培养，冬季进行单枝更新修剪

2. 极重短截法

在结果枝组基部选留1～2个瘪芽进行极重短截，来年春天这些瘪芽有可能萌发出新梢，如果萌发出新梢，则要选留1～2个新梢重点培养，冬季选留靠近基部的1个充分老化成熟的枝条作为结果母枝，留2个饱满芽进行短截，即成为新的结果枝组（图4-34）。

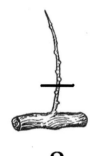

图4-34 极重短截法培养结果枝组

1—对衰老的结果枝组进行极重短截；2—对来年萌发培养的枝条进行短截

五、葡萄树下架和埋土防寒

1.下架埋土防寒的时间

（视频4-12）

在当地土壤封冻前结束即可，华北地区一般在11月中下旬土壤稍冻结时开始。埋土过早，一方面，植株得不到充分的抗寒锻炼，容易遭受冻害；另一方面，地温尚高，湿度也大，微生物活跃，芽眼易腐烂。埋土过晚，易使植株遭受冻害，土壤上冻后取土也困难，埋不严实，影响防寒效果（视频4-12）。

2.下架埋土的方法

埋土防寒区，葡萄树修剪结束后，首先将园内枯枝、落叶等清扫干净。采用倾斜式单干水平树形的葡萄树，将葡萄枝蔓顺着行向朝一个方向下架（边际几株向相反方向倾倒），下架时葡萄枝蔓尽量拉直，平放于地面，前株压后株（图4-35）。使用人工或机械进行埋土。

对棚架栽培的独龙干树形，首先根据棚架的高度，在行间开挖一道与葡萄行平行的深沟，具体深度根据当地的冻土深度而定，通常40～50厘米，然后在每棵葡萄树的基部再开挖一条直通行间深沟的浅沟，然后将葡萄树依次放入沟中（图4-36），进行人工和机械覆土。

埋土工作结束后，要对覆土的质量进行检查，不能存在枝条外露的情况，土壤封冻前还要灌一次透水，然后再次检查，如发现枝条外露要及时覆土封盖。

3.根茎覆土和主干涂白

对于接近埋土防寒线的非埋土防寒区，可以采用局部埋土法，将葡萄树的根茎部覆土保护住，再往上的主干进行涂白保护。

图4-35 拖拉机驱动的埋土机械进行埋土防寒操作

图4-36 棚架独龙干树形冬季下架埋土防寒

六、架材修整

葡萄树修剪和埋土防寒工作结束后，葡萄架材修整的工作即应开始。首先将避雨棚棚膜撤下或收拢到一起，防止冬季大雪将架材压塌，其次应对园区的葡萄架进行修整，将倾斜倒伏的立柱重新扶正，折断的立柱和横梁进行更换，松弛的架材拉线重新拉紧固定。架材修整工作应在来年葡萄树上架材前结束。

七、葡萄树出土、上架和树体引绑

（视频4-13）

在埋土防寒地区，春季葡萄枝蔓出土上架是一项重要工作（图4-37、图4-38）。从当地野杏花开放开始，到葡萄萌芽前必须结束。具体操作时，首先要按照原有树形，将各主蔓绑缚于架上。其次，主蔓上的侧蔓以及结果母枝，力求在架面上均匀分布，避免枝蔓的交叉、重叠、密挤。最后，绑蔓时既要绑缚牢固，又要给枝条的加粗生长留有空间。绑蔓的材料，常用的有麻绳、塑料绳、塑料膜等（视频4-13）。

八、刻芽

（视频4-14）

刻芽是春季萌芽前，在芽的上方0.5～1.0厘米的地方，用刀刻深到木质部。目的是将枝干运输的养分聚集到芽眼，促使芽眼萌发，长成新的枝条。刻芽能够定向定位培养枝条，建造良好的树体结构，增补缺枝，平衡树势。刻芽能否起到上述作用，适时刻芽是关键。刻芽时应选择葡萄伤流前的晴好天气，避开寒流侵袭的天气。具体操作时，要准确掌握刀口与被刻芽的距离，以及刻时用力轻重和刻的深浅，这关系着刻芽的效果，也是刻芽成败的关键。过去刻芽多使用嫁接刀或锯条，现在有专用的刻芽剪（视频4-14）。

图 4-37 葡萄树出土

图 4-38 葡萄树引绑上架

九、回缩

回缩也称缩剪，是指剪掉2年生枝条或多年生枝条的一部分。回缩的作用因回缩的部位不同而不同。一是复壮更新，将生长衰老的部分剪除，刺激下部已有的枝条代替原有枝条生长，主要用于大树的移栽或者多年生老树主蔓的更新；二是抑制作用，将前端生长旺盛的部分剪除，保留下部生长较弱的枝条，以抑制树体的过快生长。需要注意的是，回缩的伤口通常会较大，要涂抹保护剂进行伤口保护，其次，回缩会导致伤口处的隐芽大量萌发，要注及时抹除和选留有用的枝条。

十、整形修剪常用的工具

整形修剪常用的工具见图4-39～图4-41。

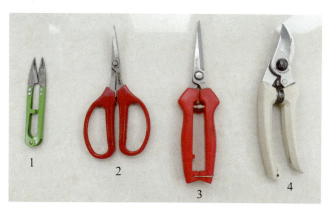

图4-39 整形修剪常用工具

1—修花剪；
2—疏果剪；
3—修枝剪；
4—剪枝剪

图4-40 电动剪枝剪

图4-41 粗枝剪

第三节
问题树形的矫正和葡萄树更新

一、问题树形的矫正

问题树形的矫正见视频4-15。

（视频4-15）

1. 主蔓前端衰弱树形的矫正

主蔓前端衰弱的葡萄树冬剪时，可将主蔓回缩至距离最近的旺盛枝条处，该枝条中长梢修剪，待来年开春枝条变软后，将该枝条引绑培养，代替剪掉的部分（图4-42）。

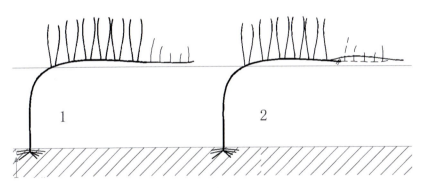

图4-42 主蔓前端衰弱树形的矫正示意
1—树体主蔓前端表现衰弱；2—衰弱部分剪除，平放旺盛枝条

2. 中部光秃树形的矫正

对于中部光秃的葡萄树，冬季将光秃带邻近枝组上的枝条留6～10个芽进行中长梢修剪，弓形引缚到光秃的空间，如果后部有枝就向前引绑，如果后部无枝也可选前部枝向后引绑，当抽生的新梢长达30厘米

以上时,把弓形部位放平绑好(图4-43)。如在树形培养阶段,可将前端枝条全部疏除并使脱空中部弓起。伤流前进行刻芽,促进脱空部位冬芽萌发,新梢长度达到30厘米以上后,再将枝条平放绑缚(图4-44)。

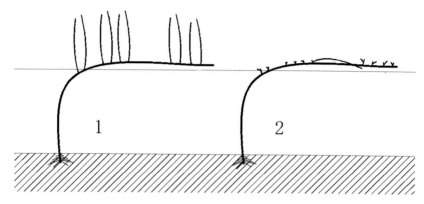

图4-43　中部局部光秃树形的矫正(一)
1—树体主蔓中部结果母枝缺失；2—邻近枝条使用中长梢修剪,弓形绑缚填充空缺

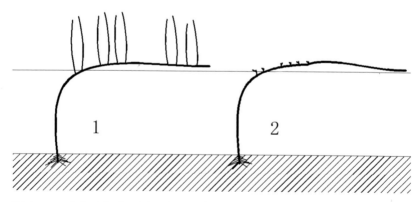

图4-44　中部局部光秃树形的矫正(二)
1—树体主蔓中部结果母枝缺失；2—主蔓前端枝条平茬后弓形引绑

3. 下部光秃树形的矫正

对于下部局部光秃的葡萄树，可将光秃部位上面的枝条采用中、长梢修剪后，弓形引绑到下部光秃部位，进行弥补（图4-45）。

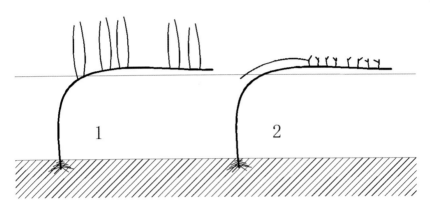

图4-45　后部局部光秃树形的矫正
1—树体主蔓后部表现局部光秃；2—邻近新梢使用中长梢修剪，弓形绑缚填充空缺

二、结果母枝外移严重的葡萄树形矫正

随着葡萄树龄的增加，结果母枝的位置会缓慢地向外移动，直到架面的生长空间不能满足大部分新梢生长需要，这时就要对葡萄树进行一次大的更新。

单干水平树形可以将主蔓回缩至树形培养阶段预留的更新枝处（图4-46），独龙干树形则回缩到最下部的一个枝组处，然后选出一个健壮的枝条，进行长梢或超长梢修剪，作为新的延长枝。春季树液流动后，引绑到架面上，并进行刻芽。萌芽后，每个芽眼保留一个新梢，将其培养成结果母枝，如带有花序就保留结果。

在生长势偏弱、采用单干水平树形、单壁篱架栽培的酿酒葡萄或生长势偏弱采用十字形架、单干水平树形、小株距栽培的鲜食葡萄品

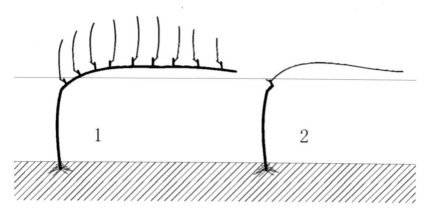

图4-46 单干水平树形选留新枝重新培养树形
1—树体结果母枝位置发生严重外移；2—将主蔓回缩至主干上预留的更新枝条处

种，冬季修剪时也可以采用结果臂更新法进行修剪。将结果臂回缩到主干预备枝附近，然后在预备枝上选留1~2个生长健壮的一年生枝条，在与邻近植株交接处剪截，然后将其引绑到定干线上，作为新的结果臂。由于植株拥有强大的根系和水分供给能力，结果臂上的芽眼基本都能萌发，并形成较高比例的结果枝，以后的管理按照正常操作即可。

三、葡萄树的更新

以上介绍的是葡萄树在年生长周期内的枝条或枝组的修剪更新，随着树龄的增长、树体的老化，又或者新品种的发展，葡萄树的更新也是广大从业者需要掌握的一项重要技术。快速完成园区树体的新老交替和品种更换，有利于园区的持续增收。生产上常用的嫁接更新法和大树移栽法都能实现当年成型、2年见产的目标（视频4-16）。

（视频4-16）

1. 嫁接更新法

嫁接更新法相较于大树移栽具有操作轻巧、材料便携、劳动强度低等优势，但要求做砧木的葡萄树生长势旺盛，否则不能使用该方法。嫁接分为绿枝嫁接（图4-47）和硬枝嫁接，其中硬枝嫁接技术要求高、操作难度大，在生产中的应用远不如绿枝嫁接广泛。

绿枝嫁接首先应在葡萄萌芽前，将树体重回缩，刺激隐芽萌发长出新枝，从中选留2～3个健壮的新梢进行重点培养，当其达到半木质化状态时，进行绿枝嫁接。当接穗萌芽后，按照前面介绍的树形培养方法重新培养即可。

图4-47　采用绿枝嫁接法更换葡萄品种的棚架葡萄园

2.大树移栽更新法

大树移栽更新法同样具有树冠成形快、早果早丰产等特点。相比于嫁接更新法大树移栽对作业工人技术要求低,便于实施和落地,弊端是费工费力。为了保证移栽效果应选择4年以内的壮树为好。

大树移栽一般在春季根系开始活动时进行最好,将冬剪重回缩的葡萄树(通常仅保留距离主干或主蔓最近的1~2个结果枝组)进行移栽(如根系带土球更好),定植后浇透水,覆盖白色地膜,以后按照正常树形培养即可。

第五章
配套的栽培管理措施

第一节
土肥水管理

葡萄栽培管理中的土肥水管理，归根结底就是营养的管理。在整个葡萄的年生长周期内，可分为萌芽期、新梢生长期、花期、坐果膨果期、种子发育期、转色期、成熟期、落叶期和休眠期等关键生育时期，每个时期因葡萄自身生长特性和环境因素的差异，造成了树体对各种营养成分需求的不同。栽培管理的核心就是人为创造各种条件满足树体的需求。

一、土壤管理

土壤管理的核心是改善土壤空间组分的架构（即液、气、固三相的占比），让土壤既疏松透气，又保水保肥，为根系的生长活动创造良好的土壤环境条件。主要从两个方面入手：一方面，提高土壤有机质含量，改善土壤的团粒结构，活化土壤，提高矿质营养的利用效率；另一方面，深耕松土，增加土壤的孔隙度，改善根系呼吸交互环境，提升根系活力，加快营养代谢。具体措施有深翻改土、行间生草、中耕松土和开沟起垄等内容（视频5-1）。

（视频5-1）

1. 深翻改土

种植大田作物的土地改种葡萄，由于犁底层的存在，会严重限制葡萄根系的生长和扩展，建园时如果能够进行全园深翻（深度达60厘米以上）最好。如果没有进行全园土壤深翻，则在原有开挖定植沟的基础上，进行逐年单侧深翻改土，通常每亩地施5吨以上腐熟有机肥、100千克的过磷酸钙、40千克的三元素平衡复合肥和若干量的中微量元素肥。将上述肥料单侧条施到定植沟的边缘（图5-1），旋耕机将其与土混匀后，使用挖掘机或施肥开沟机深翻入土（图5-2）。

图5-1 基肥条施到葡萄树一侧

图5-2 用于深翻改土的葡萄开沟机

2.行间生草

葡萄园行间生草可以提高土壤肥力、改善葡萄园微气候、减轻高温对葡萄叶片和果实的危害。行间生草一般分为人工种草和自然生草两种方式。人工种草一般以毛叶苕子（图5-3）等低冠大生长量的绿肥作物最为适宜；自然生草（图5-4）一般选留园区内的低冠非恶性杂草。但不管采用哪种方式，葡萄行上坚决不能长草，行间的草也要定期还田入土（图5-5）。

图5-3
行上覆盖黑色地布，行间种植毛叶苕子

图5-4
葡萄行间自然生草，葡萄行上清耕

图5-5 拖拉机驱动的旋耕机正在进行还草入土作业

3.中耕松土

中耕松土的具有调节土壤温湿度、消灭杂草、促进土壤微生物的活动、增加土壤养分有效性的作用,盐碱地适时中耕还具有防止盐碱上升的作用。早春进行中耕,有利于提升地温;转色期中耕能够改善园内小气候,促进葡萄果实着色和成熟。通常中耕松土全年进行3～5次,中耕深度应小于10厘米。

对于易发生日灼的葡萄品种如阳光玫瑰从幼果膨大到果实成熟这段时期,尽量采用生草栽培,从而减轻日灼危害。对于有裂果倾向的葡萄品种,进入转色期后,应减少中耕,因为疏松的土壤遇到大雨反而会蓄积更多的水分,加重裂果,所以这时反而要全园铺设塑料布,避免雨水下渗入土。

现在葡萄行间的中耕松土已经实现机械化,常用的机械为拖拉机驱动的旋耕机(图5-5)和避障式浅耕除草机。

4. 开沟起垄

对于地下水位高，容易发生积水的地块，可以使用如图5-6这样的埋土防寒机，将葡萄行间的表土翻到葡萄行上，这样一个行上起垄、行间开沟的台田种植模式，既增加葡萄根系的土层厚度，又可以加快雨季的田间排水。

图5-6
拖拉机驱动的
埋土防寒机

二、营养管理

（视频5-2）

葡萄的营养管理的本质就是施肥管理。葡萄生产上的施肥管理不仅要遵循不同品种自身的养分需求规律，还要结合当地的土壤肥力和具体树势的生长状态而定。尽管元素含量鉴定和营养诊断技术现在十分成熟，但离生产上的广泛应用仍有一定距离，因此依据树相判断葡萄植株的需肥情况进行营养管理仍是当下的主要方法（视频5-2）。

1. 施肥方法

（1）土壤施肥　即将各种肥料以人工或借助机械的方法直接施入土壤中。该方法在水肥一体化广泛应用的今天，主要用于大范围提升土壤肥力和弥补水溶肥持效期短的缺陷。其特点是：施入量大，直接供给根系,肥效期长。土壤施肥应重点把控施肥量和施肥位置,以免造成肥害。常用的施肥方法有条状施肥、穴状施肥和撒施等。

(2)叶面施肥　也称根外施肥,即将富含各种营养元素的有机和无机营养肥以适宜浓度和剂量喷施在葡萄叶片上,起到直接或间接补充营养的作用。叶片喷施多用于补充在土壤中流动性较差的营养元素,如钙、铁、锰和锌等,和易于叶片吸收利用的小分子物质,如氨基酸、鱼蛋白等。其主要特点是:操作简便,不受根系吸收影响,当根系吸收受阻时能及时体外补充养分。但由于每次的补充量有限、时效短,因此叶片施肥不能代替土壤施肥。

(3)滴灌施肥　大面积葡萄园,通过水肥一体化设备(图5-7)和田间铺设的滴灌管,使灌溉和施肥两个农事操作合理地结合起来,可以准确、定量地实现作物生长所需肥水的供给,提高淡水和肥料的利用效率,同时对于生产环节做到了省工、省时、省力。小面积葡萄园可以使用文丘里施肥器(图5-8)和田间配套的滴灌管,实现简易的水肥一体化。滴灌施肥一般适用于水溶性好的固体肥和液体肥,以免堵塞设备。

图5-7
水肥一体化设备

图5-8
文丘里施肥器

（4）输液施肥　输液施肥是依据植物营养运输机理，模拟人体静脉注射将营养物质直接送达植物体内以满足植物生长发育的需要。该方法常用于改善树体营养不良或快速缓解缺素等生理性问题。该方法优点为吸收直接、见效快、便捷省工。操作难点在于使用的浓度、剂量和方法的掌控，以及如何避免出现肥害。

2.关键时期的施肥管理

（1）萌芽期　葡萄早春发育所需的营养多为去年树体积累的养分。该时期施肥主要是以促进根系萌发生长和满足花前新梢快速生长的需求为目的。施肥种类主要是氨基酸、海藻酸和腐殖酸类有机小分子和富含氮、磷、钾等大量元素的水溶肥或复合肥。

具体的用量和种类主要依据不同品种的树势和上一年的栽培管理情况而定，一般管理精良、树势偏旺的欧美杂交种主要以生根类肥料为主，不施或少施大量元素肥料，尤其是氮肥的使用要慎之又慎，以免影响生殖生长和营养生长的平衡；相反，树势表现偏弱的品种和园区在早春时节要适时增加氮肥的施入量，以满足葡萄自身营养生长的需求，为开花坐果提供充足的营养。

（2）花期　花期施肥的重点在于调节营养生长和生殖生长之间的平衡，让新梢长势均衡、花序发育有力是最理想的水肥调节目标。树势过旺或过弱都会影响开花坐果的表现。花期施肥的另一核心则是在花前1～2周进行根外施肥，叶面补充镁、铁、锰、硼、锌等中微量元素，利于开花坐果和改善果实大小粒等问题。

（3）果实膨大期　葡萄的果实膨大分为两个阶段。坐住果后的幼果期细胞迅速分裂，果粒快速膨大直到硬核期为第一阶段；第二阶段在果实转色后细胞体积增大为主。这两个阶段是葡萄全年需肥量最大的时期，其中以构建细胞骨架为主的大量元素的需求最为突出，钙、镁等填充细胞骨架的元素也极为重要。具体的使用频率和用量因品种和产量而异，以亩产2000千克的阳光玫瑰为例，整个膨果阶段使用商品性的膨果型大量元素水溶肥为30千克左右，钙镁肥大约为10千克。

（4）转色成熟期　葡萄进入转色成熟期的施肥管理直接影响果实品质的最终表现。生产上重要的误区便是磷钾肥的超量使用。基于磷钾肥能够促进果实成熟和增糖的认知而频繁、大量使用磷钾肥，从而造成树体养分吸收的紊乱，表现为缺素式的叶片黄化、裂果等问题。

在转色成熟这一重要时期，首先应控制灌水（不是不灌水）；其次在控制氮肥的基础上，增加磷钾肥，补充中微量元素肥，主要以钙、镁、硼为代表；最后，叶片喷施磷酸二氢钾和氨基酸肥料，促进果实转色和品质提升的同时，维持叶片功能。

（5）采后肥　生产上我们习惯把果实采收后所施肥称为"月子肥"，足见该时期的肥水管理的重要性。采后肥主要用以恢复树势，补充土壤肥力，帮助树体储存营养。该时期是树体养分需求和根系活动的又一高峰期，均衡的养分补充极为重要，有机肥、偏氮的大量元素肥、钙镁等中微量元素肥和生根类的有机小分子物质都应在果实采收后迅速补充。具体用量主要依据品种、树势、土壤质量等因素而定。

三、水分管理

（视频5-3）

土壤和空气的湿度过低或过高，都会对葡萄的生长发育不利。前期土壤过于干旱，会直接影响营养生长，进而影响花序发育，出现一系列生殖生长问题，如落花落蕾及果粒大小粒等问题。中后期干旱则严重影响果实膨大，导致果实着色不良、品质差等问题（视频5-3）。

如果土壤长期积水或水分过多，也不利于葡萄树的生长发育，葡萄根系会出现呼吸困难、生长不良，甚至死亡的问题，从而影响根系对矿物质元素的吸收，进而造成葡萄叶片黄化、新梢生长不良等一系列问题。土壤水分过多必然伴随空气湿度增加，又为病害的侵染和传播创造了条件，会加剧霜霉病和炭疽病暴发的风险。

1.关键时期的水分管理

（1）萌芽期　葡萄树体伤流后萌芽前，应结合施肥全园浇一次透水，灌水量要求渗透至50厘米以下的土层，以满足萌芽和新梢生长的需要，同时充足的水分也能降低倒春寒的危害。新梢开始生长的这段时间，土层20厘米上下的土壤含水量为60%左右即可，需注意的是，萌芽期应尽量减少灌水次数以提高地温，促进植株发芽以及新梢生长。

（2）开花期　一般在花前7～10天结合中微量元素使用，浇透水，能够促进新梢和花序的发育生长，为开花结实创造良好的水分条件。

（3）幼果膨大期　幼果膨大期葡萄的新梢、叶片、果实以及根系等部位都在快速生长，花芽开始分化，是葡萄一年中水分需求的高峰期。因此，需要结合施肥进行灌溉，满足果实膨大需求，大概7～10天一次透水，以满足新梢和幼果的生长需要。

（4）转色成熟期　一般来说，在浆果开始着色至采收前一个月，应逐渐控水，以提高果实的含糖量和色香味等品质属性。但是，在实际生产中，往往会遇到连续干旱的天气，尤其是北方地区，这时可进行少量灌溉，以维持树体正常的生命活动。此外，这个时间段还要注意持续降雨的问题，要及时排水避免裂果等多种问题发生。

（5）采收后　经过成熟期这段较长时间的控水，植株会表现些许缺水缺肥反应，所以在葡萄采收后，要及时结合月子肥进行灌水，保持土壤中水分含量在60%～70%，从而增加植株根系的活力，恢复树势。

（6）封冻期　我国属于大陆季风性气候，冬季寒冷干旱，为保证葡萄安全越冬，需要在冬季土壤冻结前，全园漫灌一次透水。非埋土防寒区如冬季无有效降水，需要间隔1～2个月再次冬灌，砂质土壤园区整个冬季需冬灌3次左右，以此保证植株安稳越冬。埋土防寒区土壤解冻后，应进行一次灌水，补充整个冬季树体散失的水分，可以促进萌芽整齐。

2. 灌水方式

（1）喷灌　葡萄园中架设固定或可移动的喷灌装置，微喷或吊喷，使水在加压的情况下通过喷头形成人工降雨，给葡萄植株提供水分。使用这种方式进行灌溉既可以控制喷水量，又提高了灌溉的均匀性。如果设计得当，喷灌还可在夏季高温时用来降低葡萄园内的温度，或者在冬季用来预防霜冻灾害。但喷灌时水分蒸发较多，且易造成葡萄园中湿度增加，因此生长季使用喷灌有增加病害发生的风险。

（2）滴灌　将滴灌管安置在土地表面或架设到葡萄架材上，在葡萄植株的根系周围排布滴头或滴头均匀分布于定植行上，通过滴水的方式让水分慢慢渗入土壤。滴灌既可以提高水资源的利用率，同时又能实现精确施肥。相比于喷灌，滴灌水层的下潜深度更深，水肥更能被深层根系吸收。

（3）沟灌或畦灌　沟灌或畦灌即让水在修整好的沟或畦内流淌，借重力作用来浸润土地。其操控简单、成本低，也是迄今为止较常见的灌溉方式之一。但这种灌溉方式适用于地势平坦的葡萄园。

3.排水方式

（1）挖排水沟　雨季来临前在葡萄行间、地头和地块周边开挖排水沟，行间排水沟宽30～40厘米、深20～30厘米，地头和地块周边排水沟宽50～60厘米、深40厘米左右。若持续阴雨天也可用塑料薄膜覆盖排水沟沟底和两侧，防止雨水下渗，减轻土壤水分过饱和压力，避免造成裂果和病害暴发。

（2）水泵抽水　地势低洼、易大量积水且无法疏导排水的葡萄园，最好提前预备排污泵，出现积水时在园区最低处架泵排水，做到积水不过夜。

（3）打孔漏水　地势不平坦或局部少量积水，又用不上水泵排水的情况下，可以使用洛阳铲在积水区域打深度3米以上的深孔洞，让水流入孔洞中，数量多少根据区域大小决定，建议每5～10平方米一个孔洞。

第二节
病虫以及自然灾害的防控

一、病害防控

（视频5-4）

我国葡萄生产中病害发生种类繁多，常见的有40余种。病害分布上，整体表现为东南地区发生严重，西北地区较轻。下面主要介绍霜霉病、炭疽病等生产上大面积发生且危害严重的病害及防控措施（视频5-4）。

1.霜霉病

霜霉病常在多雨、潮湿的气候条件下发生，在葡萄的幼嫩组织侵染，扩散速度惊人，天气凉爽、持续潮湿的环境条件下很快在叶片背面形成白色霜状霉层，正面形成黄色斑块（图5-9）。近年来，霜霉病在幼果上的危害也逐渐加重，除了在幼果表面形成白色霉层外，幼果的内部组织也褐化病变（图5-10）。

避雨栽培的普及极大降低了霜霉病对葡萄产业的危害，但在花期和幼果期仍需重点防范。花果期主要以氟吡菌胺霜霉威、烯酰吗啉氰

图5-9
霜霉病对葡萄叶片的危害

图5-10
霜霉病对阳光玫瑰幼果的危害

霜唑、噁唑菌酮霜脲氰等药剂进行预防和治疗，果实套袋后的叶片保护和治疗主要使用烯酰吗啉配合代森锰锌或波尔多液。

2.炭疽病

炭疽病是典型的高温、高湿、高糖条件下暴发的真菌性病害，主要发生在邻近果实成熟期。侵染初期感病部位产生褐色不规则病斑，后病斑逐渐扩大，中心部位向下凹陷，感病后期病斑上会滋生大量同心轮纹状的分生孢子（图5-11）。

图5-11 炭疽病在葡萄果粒上的危害

药物防治主要使用咪鲜胺、抑霉唑、肟菌戊唑醇、吡唑醚菌酯等。该病害具有前期侵染后期发病的特点，防治必须早，发病后再治疗效果较差。

3.灰霉病

凉爽潮湿的阴雨天气是灰霉病的高发期，主要侵染葡萄的幼嫩组织，尤其是早期的花序和幼果（图5-12），后期果实破裂也会导致灰霉病的发生。

药物防治主要使用异菌脲、腐霉利、嘧霉胺、吡唑啶酰菌胺等药物。灰霉病的预防除了降低空气湿度外，在选择栽培品种时应规避那些易裂果的品种。

图5-12　灰霉病对葡萄花蕾的危害

4.白粉病

白粉病主要发生在高温干燥、闷热郁闭的环境条件下，连栋温室和大棚里发生较为严重。病菌侵染新生的各个绿色组织和器官，侵染后绿色组织表面浮生大量白色粉状菌丝和分生孢子（图5-13）。霜霉病的分生孢子多存在于叶片背面，为丝状物；而白粉病的分生孢子则分布于叶片正面，为粉状物，这是二者之间的显著差异。

图5-13　白粉病在葡萄叶片上的危害

生产上常用嘧菌酯、乙嘧酚、戊唑醇、腈菌唑、苯醚甲环唑等药物防治。

5.白腐病

白腐病主要发生在阴雨后的高湿天气，可以侵染葡萄的叶片、穗轴和枝条等多个器官，侵染叶片表现为水渍状波纹形病斑，侵染果穗后造成白褐色腐烂（图5-14），湿度过大时会着生白色点状的分生孢子。果实转色变软后是其危害高峰期。

图5-14
白腐病对葡萄果穗的危害

生产上常用福美双、肟菌戊唑醇、氟硅唑和苯甲嘧菌酯等药剂进行预防和治疗。

二、虫害防控

随着葡萄栽培面积的不断扩大，危害葡萄的害虫也层出不穷，但大部分为局部发生或偶尔发生，因此下面主要介绍在葡萄生产中危害较大的一些害虫及其防治措施（视频5-5）。

（视频5-5）

1. 绿盲蝽

近些年,绿盲蝽(图5-15)已成为葡萄生产上的第一大虫害,葡萄所有的幼嫩组织都会被其危害,如葡萄的嫩芽、叶片(图5-16)、花蕾和幼果,严重影响葡萄早春的正常生长,同时严重降低葡萄果实的商品性。因此从萌芽到套袋前都应重视绿盲蝽的防治,该虫具有白天潜伏、早晨和傍晚活动的习性,植保消杀工作要根据其危害习性采取措施。

图5-15
绿盲蝽成虫

图5-16
绿盲蝽对葡萄叶片的危害

生产上常用的药剂有高效氯氟氰菊酯、溴氰菊酯配合吡虫啉、噻虫嗪和氟啶虫胺腈交替使用，具有较好的防治效果。早春时节，绿盲蝽的孵化受温度影响较大，易出现孵化不整齐的现象，因此用药的次数要适当增加。

2.斑衣蜡蝉

斑衣蜡蝉主要以若虫（图5-17）和成虫（图5-18）群集在葡萄的

图5-17
斑衣蜡蝉若虫

图5-18
斑衣蜡蝉成虫

新梢和叶背处刺吸为害，致使叶片出现畸形和皱缩，并排出大量黏稠排泄物，污染果实和叶片。

该虫善于蹦跳和飞翔是其难以防治的根本原因。秋冬季人工铲除、破坏卵块能大大降低园区的虫口基数，早春卵孵化期和秋季的产卵期加强植保工作能有效防治虫害的大发生。生产上常用高效氯氰菊酯、联苯菊酯和溴氰菊酯等药物进行防治。

3.金龟子

金龟子的幼虫即蛴螬，主要为害树体的根系，所以秋施基肥最好使用腐熟的有机肥。成虫主要取食嫩叶、新梢和果实等组织，具有昼伏夜出的习性，防治用药可在傍晚时全园喷施。生产上为害叶片的主要是四纹丽金龟子（图5-19）和东方金龟子，为害果实的主要白星花金龟子。

图5-19
四纹丽金龟子成虫

生产上常用马拉硫磷、高效氯氰菊酯和溴氰菊酯等药物进行防治，也可采用灯光诱杀的方式进行杀灭。

4.蚜虫

蚜虫近年来在阳光玫瑰上的为害逐年加重，除了吸食嫩叶、新梢的营养外，更严重的在于花期前后对花絮和幼果的伤害（图5-20），

图5-20 蚜虫对葡萄果粒的危害

会产生大量黏性分泌物,粘住杨絮和灰尘,严重影响坐果质量和幼果的膨大发育。

生产上常用吡虫啉、噻虫嗪、啶虫脒、氟啶虫胺腈等配合高效氯氰菊酯等菊酯类药物进行有效防治。

5. 螨类

这里的螨类是红蜘蛛、白蜘蛛、瘿螨等蛛形纲害虫的泛称,螨类危害在干旱炎热的气候条件易在某些葡萄品种上(如阳光玫瑰)大量发生。螨类繁殖周期短、耐药性提升迅速,不易防治,严重为害葡萄的新梢、幼叶(图5-21)和果实(图5-22),尤其是完全设施栽培的葡萄更要周期性防治。

图5-21 茶黄螨对葡萄新梢和幼叶的为害

图5-22 茶黄螨对阳光玫瑰葡萄果实的为害

生产上常用阿维螺螨酯、联苯肼酯四螨嗪、乙唑螨腈等药物进行周期性交替防治。

6.鳞翅目害虫

葡萄上常见的鳞翅目害虫主要有甜菜夜蛾（图5-23）、棉铃虫（图5-24）、透翅蛾、草地贪夜蛾等，该类害虫主要取食葡萄的幼叶和新梢，大量发生时也为害果实。

生产上常用甲氨基阿维菌素苯甲酸盐、氯虫苯甲酰胺等药物配合高效氯氰菊酯等菊酯类药物一起进行综合防治。

图5-23　甜菜夜蛾

图5-24　棉铃虫

三、自然灾害的防控

自然灾害的防控见视频5-6。

（视频5-6）

1. 大风和冰雹的防灾减灾

春夏之交是大风和冰雹等强对流恶劣天气的高发时期，极易对处在旺盛生长期的新梢和避雨棚设施造成损坏，严重时更有绝收毁园的风险。因此，要密切关注天气预报，灾害来临前及时检查加固园区的基础设施，避雨棚膜最好选取0.08毫米以上的厚度以避免或降低冰雹对新梢和果实造成损害，新发枝条也要及时引绑固定以避免大风吹断新梢。

2. 暴雨洪涝灾害的防灾减灾

暴雨和洪涝灾害通常是毁园式的灾难，所以建园选址时一定慎之又慎，避免在低洼地带、蓄滞洪区和河滩地等区域建园。暴雨前，密切关注天气预报，做好园区周围清沟排淤工作。暴雨过后及时排水，并进行一次全园病虫害的消杀工作，及时疏松土壤并给予良好的水肥管理以帮助树体尽快恢复树势。

3. 暴雪的防灾减灾

每年都有很多葡萄园因没有重视暴雪防灾减灾工作而遭受不同程度的损失，尤其是搭建防鸟网或避雨棚的葡萄园，损失更为严重，甚至是全园设施尽毁。因此，简易避雨栽培的园区进入休眠期后应适时将棚膜收起，大棚、温室和防鸟网在降雪初期及时采取人工除雪或无人机辅助除雪。

4. 高温干旱的防灾减灾

高温引发的日灼或气灼（图5-25）主要发生在果实的幼果期和一次膨大期，生产上常通过常放枝条和增加副梢叶片等遮阴的办法，再配合行间生草、微喷系统等进行预防，对于西晒严重的葡萄园还可以在边缘行使用遮阳网等来降低日灼和气灼的危害。树体合理负

图5-25
高温对果粒造成的伤害

载、科学施肥等都能提升果实本身的抗逆能力,有助于减轻日灼和气灼的发生。

另外,在缺水地区高温干旱还会严重抑制葡萄树的生长,导致枝条节间变短、老叶提早变黄衰老、果粒失水皱缩(图5-26)。

5. 鸟害的防灾减灾

鸟害现已成为葡萄采收阶段最为严重的威胁。鸟类撕扯果袋、啄食果粒,造成病害传播,严重影响果实的商品性。全园架设防鸟网是最为高效和可靠的防护方式(图5-27)。

图5-26　高山干热地区由于高温缺水严重抑制葡萄树的生长

图5-27　全园架设防鸟网

附录1
设施栽培阳光玫瑰全程用药方案

设施栽培阳光玫瑰全程用药方案见附表1(仅供参考)。

附表1 设施栽培阳光玫瑰全程用药方案

物候期	药剂名称	稀释倍数	每15公斤水用量/克
绒球透绿	45%生物硫黄	250	60
	7.5%高效氯氟氰菊酯·吡虫啉	800	18.8
	氨基酸叶面肥	1000	15
展叶期	7.5%高效氯氟氰菊酯·吡虫啉	800	18.8
	23%阿维菌素·乙螨唑	2500	6
	80%福美双	800	18.8
	海藻酸叶面肥	1000	15
新梢快速生长期	25%高效氯氟氰菊酯·噻虫胺	2000	7.5
	32.5%苯甲·嘧菌酯	2000	7.5
	氨基酸或中微量元素叶面肥	1000	15
花序分离期	40%嘧霉胺	800	18.8
	50%氟啶虫胺腈	10000	1.5
	15%高效氯氟氰菊酯·呋虫胺	2500	6
	45%吡唑醚菌酯·甲基硫菌灵	800	18.8
	氨基酸叶面肥	1000	15
	硼锌叶面肥	1000	15
开花前	12%溴氰菊酯·噻虫嗪	1000	15
	60%啶酰菌胺·咯菌腈	1500	10
	45%吡唑醚菌酯·甲基硫菌灵	800	18.8
	氨基酸叶面肥	1000	15
	硼锌叶面肥	1000	15
开花后	7.5%高效氯氟氰菊酯·吡虫啉	800	18.8
	50%氟啶虫胺腈	10000	1.5

续表

物候期	药剂名称	稀释倍数	每15公斤水用量/克
开花后	40%嘧霉胺	800	18.8
	32.5%苯甲·嘧菌酯	2000	7.5
	23%阿维菌素·乙螨唑	2500	6
疏果后	12%溴氰菊酯·噻虫嗪	1000	15
	50%氟啶虫胺腈	10000	1.5
	30%苯甲·吡唑酯	2500	6
	45%联苯肼酯·乙螨唑	2500	6
	氨基酸叶面肥	1000	15
	液体钙肥	1000	15
幼果膨大期	7%氯虫苯甲酰胺·溴氰菊酯	1500	10
	32.5%苯甲·嘧菌酯	2000	7.5
	45%咪鲜胺	1500	10
	氨基酸叶面肥	1000	15
套袋前	7.5%高效氯氟氰菊酯·吡虫啉	800	18.8
	30%苯甲·吡唑酯	2500	6
	30%阿维·螺螨酯	3500	4.3
	液体钙肥	1000	15
套袋药	10%抑霉唑	800	18.8
	32.5%苯甲·嘧菌酯	2000	7.5
	35%氯虫苯甲酰胺	4000	3.8
套袋后	80%代森锰锌	800	18.8
	70%甲基硫菌灵	800	18.8
	30%阿维·螺螨酯	3500	4.3
硬核期	80%波尔多液	400	38

续表

物候期	药剂名称	稀释倍数	每15公斤水用量/克
硬核期	9.7%甲维盐·虱螨脲	1000	15
	30%联苯肼酯·四螨嗪	2500	6
	10%高效氯氟氰菊酯	3000	5
	磷酸二氢钾	500	30
转色期	33%毒死蜱·甲维盐	1000	15
	32.5%苯甲·嘧菌酯	1500	10
	磷酸二氢钾	300	50
采收期	10%高效氯氟氰菊酯	3000	5
	30%苯醚甲环唑	2500	6
	磷酸二氢钾	300	50

附录2

丰产期阳光玫瑰全程施肥方案

丰产期阳光玫瑰全程施肥方案见附表2（仅供参考）。

附表2　丰产期阳光玫瑰全程施肥方案

物候期	肥料种类	用量/（千克/亩）
伤流后	大量元素平衡肥	2.5
	海藻酸类冲施肥	1
萌芽期	大量元素平衡肥	2.5
	腐殖酸类冲施肥	1
花序分离期	大量元素平衡肥	2.5
	氨基酸类冲施肥	1
	钙镁硼中量元素水溶肥	5
开花前	大量元素平衡型复合肥（土施）	10
	大量元素平衡肥	2.5
	钙镁硼中量元素水溶肥	5
保果后	大量元素高氮肥	5
	氨基酸水溶肥	1
幼果膨大期	大量元素平衡型复合肥（土施）	15
	大量元素高氮肥	2.5
	钙镁硼中量元素水溶肥	5
5～7天后	大量元素高氮肥	5
	腐殖酸类冲施肥	2
	氨基酸钙	2.5
膨大处理后	大量元素高氮肥	5
	钙镁中量元素水溶肥	5

续表

物候期	肥料种类	用量/(千克/亩)
膨大处理后	氨基酸水溶肥	1
5～7天后	大量元素高氮肥	5
	腐殖酸类冲施肥	2
	氨基酸钙	2.5
	大量元素高氮肥	5
	海藻钙镁	2.5
	多元微量元素水溶肥	0.2
硬核期	大量元素平衡肥	2.5
	鱼蛋白	2.5
	钙镁中量元素水溶肥	5
二次膨大期	大量元素高氮肥	5
	矿源黄腐酸钾	1
	多元微量元素水溶肥	0.2
10天后	大量元素高氮肥	2.5
	钙镁中量元素水溶肥	5
	氨基酸水溶肥	1
	大量元素高氮肥	5
	鱼蛋白	1
转色期	大量元素平衡肥	2.5
	氨基酸水溶肥	1

续表

物候期	肥料种类	用量/(千克/亩)
10天后	大量元素平衡肥	5
	矿源黄腐酸钾	1
	大量元素高钾肥	2.5
	氨基酸水溶肥	1
	大量元素高钾肥	5
	矿源黄腐酸钾	1
成熟期	大量元素高钾肥	2.5
	氨基酸水溶肥	1
果实采收后	大量元素平衡肥	2.5

参考文献

[1] 孔庆山,等.葡萄志[M].北京:中国农业科学技术出版社,2004.
[2] 赵奎华.葡萄病虫害原色图谱[M].北京:中国农业出版社,2006.
[3] 王忠跃.中国葡萄病虫害与综合防控技术[M].北京:中国农业出版社,2009.
[4] 孙海生.图说葡萄高效栽培关键技术[M].北京:金盾出版社,2009.
[5] 修德仁.图解葡萄架式与整形修剪[M].北京:中国农业出版社,2010.
[6] 王秀芹.酿酒葡萄生态与栽培学[M].北京:中国林业出版社,2015.
[7] 孙海生,张亚冰,等.图说葡萄高效栽培[M].北京:机械工业出版社,2018.